普通高等教育“十二五”规划教材

电力系统计算机辅助分析

主　编　潘学萍
主　审　卫志农

中国水利水电出版社
www.waterpub.com.cn

内 容 提 要

本书在传统电力系统分析课程的基础上，结合计算机技术的特点和要求，介绍了电力系统的潮流、短路和稳定问题的数值计算方法。本书共七章，主要内容有：电力系统计算所需要的原始数据、电力网络的数学模型、电力系统潮流计算的数值方法、电力系统短路计算的计算机方法、电力元件的动态特性及数学模型、简单电力系统的稳定计算方法、电力系统仿真软件及其功能介绍。本书中列举了多个例题，书末附有 Matlab 编写的部分代码。

本书可作为普通高等学校电气工程及其自动化专业本科生、研究生的教材或参考书，也可供从事这方面工作的科技人员学习参考。

图书在版编目（CIP）数据

电力系统计算机辅助分析 / 潘学萍主编. -- 北京 : 中国水利水电出版社, 2013.1(2024.1重印)
普通高等教育"十二五"规划教材
ISBN 978-7-5170-0472-1

Ⅰ. ①电… Ⅱ. ①潘… Ⅲ. ①电力系统－计算机辅助分析－高等学校－教材 Ⅳ. ①TM769

中国版本图书馆CIP数据核字(2013)第011980号

书　　名	普通高等教育"十二五"规划教材 **电力系统计算机辅助分析**
作　　者	主编　潘学萍　　主审　卫志农
出版发行	中国水利水电出版社 （北京市海淀区玉渊潭南路 1 号 D 座　100038） 网址：www. waterpub. com. cn E－mail：sales@mwr. gov. cn 电话：（010）68545888（营销中心）
经　　售	北京科水图书销售有限公司 电话：（010）68545874、63202643 全国各地新华书店和相关出版物销售网点
排　　版	中国水利水电出版社微机排版中心
印　　刷	天津嘉恒印务有限公司
规　　格	184mm×260mm　16 开本　8.75 印张　207 千字
版　　次	2013 年 1 月第 1 版　2024 年 1 月第 2 次印刷
印　　数	3001—8000 册
定　　价	**31.00** 元

前言

QIANYAN

教材事关国家和民族的前途命运，教材建设必须坚持正确的政治方向和价值导向。本书坚持党的二十大精神，全面贯彻党的教育方针，落实立德树人根本任务，为党育人，为国育才，弘扬劳动光荣、技能宝贵、创造伟大的时代风尚。

我国电力系统已进入特高压、大电网、大机组的新阶段。电网规模日趋庞大、结构复杂，运行方式变化繁多，而电力市场化的发展，使得现代电力系统运行愈来愈接近于稳定极限。在电力系统规划、设计、运行、事故分析、继电保护与自动装置的整定计算和工况分析中，均需要足够快速、精确地进行大量的分析和计算。同时，为了保证电力系统可靠、安全、经济地运行，在分析和研究电力系统时必须确切完整地考察实际电力系统的静态特性和动态特性。本书是根据实际电力系统发展的实际需要编写而成的。

在过去的几十年间，电力系统计算机辅助分析方面已有较多的优秀教材，已出版的电力系统计算方面的图书不乏经典之作。然而随着计算机技术的发展，现有教材中的源代码，计算机语言的使用渐显陈旧。Matlab 平台将数值分析、矩阵计算、科学数据可视化以及非线性动态系统的建模和仿真等诸多强大功能集成在一个易于使用的视窗环境中，在很大程度上摆脱了传统非交互式程序设计语言（如 C 语言、Fortran 语言）的编辑模式，且简单易学，已成为当前工科学校的学生非常有用的分析工具。有鉴于此，编者将 Matlab 语言的源代码附于书末，供相关专业的学生参考。

本书旨在阐述电力系统三大计算的数学模型，着重讨论计算方法及程序设计，为电气工程专业的本科生及研究生学习和研究提供参考。

本书附录中的部分 Matlab 代码来自 http：//www. pserc. cornell. edu/matpower/，在此表示感谢！感谢研究生马跃对本书算例的验证和校核工作。另外，本书出版过程中还得到了中国水利水电出版社张秀娟的大力支持，在此一并表示感谢！

由于编者水平之限，书中难免有不足或疏漏之处，恳请读者批评指正。

编　者

目录
MULU

第一章　电力系统原始数据

电力系统原始数据是电力系统数值计算的基础，原始数据通常包括潮流数据及动态数据两个方面。潮流数据包括网络规模、电力网络的连接方式、发电机及负荷的运行数据等；动态数据包括发电机动态模型数据、励磁系统模型及参数、电力系统稳定器（PSS）的模型及参数、调速器模型及参数、动态负荷以及静态负荷比例及其模型与参数。

第一节　潮流计算数据

潮流数据通常包括电力网络数据、运行条件以及潮流计算控制数据等。电力网络包括线路、变压器、并联阻抗等元件的参数以及它们的连接方式。运行条件数据则包括发电机的节点类型（平衡节点、PV 节点或者 PQ 节点）以及对应的参数，如发电机发出的有功功率与无功功率、母线电压的幅值、负荷节点吸收的有功功率及无功功率等。潮流计算控制数据包括潮流计算采用的方法、收敛判据等。

功率数据常用有名值表示，功率基准值通常取为 100MVA。节点电压、支路阻抗和导纳一般采用标幺值。变压器的变比一般取变压器两侧的实际分抽头（用有名值表示，单位为 kV），而三相变压器一般采用三个双绕组变压器表示。

以图 1-1 所示的 IEEE—5 节点系统为例。

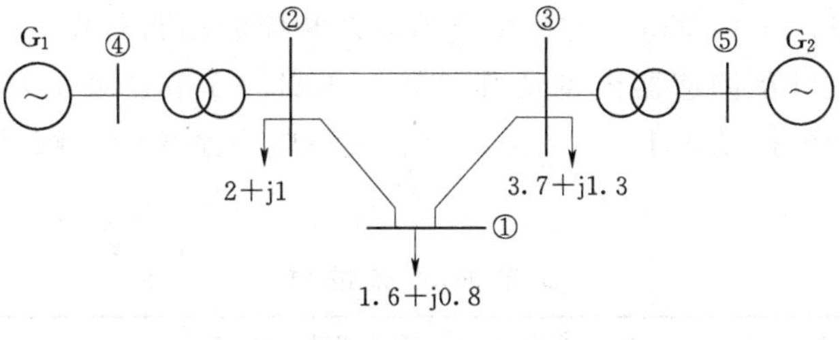

图 1-1　IEEE—5 节点网络接线图

表 1-1 及表 1-2 分别给出了变压器及线路参数；表 1-3 及表 1-4 则给出了其运行参数。

表 1-1　　**变压器参数**

首节点	末节点	额定电压（kV）	电阻（p. u.）	电抗（p. u）	首端分抽头	末端分抽头
bus _ 4	bus _ 2	100	0	0.015	1.00	1.05
bus _ 5	bus _ 3	100	0	0.03	1.00	1.05

表 1-2 线路参数

首节点	末节点	额定电压（kV）	电阻（p.u.）	电抗（p.u）	充电电容（p.u.）
bus_2	bus_1	100	0.04	0.25	0.25
bus_3	bus_1	100	0.1	0.35	0
bus_3	bus_2	100	0.08	0.3	0.25

表 1-3 发电机节点参数

母线	额定电压（kV）	P(MW)	Q(Mvar)	Q_{max}（Mvar）	Q_{min}（Mvar）	U(p.u.)	类型
bus_4	100	500	—	9999	−9999	1.05	PV 节点
bus_5	100	257	—	9999	−9999	1.05	平衡节点

表 1-4 负荷及中间节点参数

母线	额定电压（kV）	恒定有功负荷		恒定阻抗负荷		类型
		P(MW)	Q(Mvar)	P(MW)	Q(Mvar)	
bus_1	100	160	80	0	0	PQ 节点
bus_2	100	200	100	0	0	PQ 节点
bus_3	100	370	130	0	0	PQ 节点

第二节 电力系统动态数据

在电力系统故障分析和稳定计算中，除了需要潮流数据计算系统的运行点外，还需要系统的动态数据信息。包括发电机的模型类型以及相应的动态参数、励磁系统模型及其参数、PSS模型及参数以及调速器模型及其参数。IEEE—5节点系统发电机采用经典模型时的动态数据及负荷数据见表1-5和表1-6。实际电力系统的详细动态数据模型和参数见相关文献。

表 1-5 发电机动态数据

母线	额定电压（kV）	动能（MW·S）	基准容量（MVA）	x'_d(p.u.)	模型类型
bus_4	100	2364	100	0.02	经典模型
bus_5	100	640	100	0.02	经典模型

表 1-6 负荷动态数据

母线	额定电压（kV）	静态有功负荷比例	静态无功负荷比例	负荷类型
bus_1	100	1.0	1.0	LB
bus_2	100	1.0	1.0	LB
bus_3	100	1.0	1.0	LB

第三节 数据文件的输入和输出

编写代码时，数据的输入有两种方式：一种为通过屏幕输入，如潮流计算方法、故障点的位置等；另一种为通过数据文件输入。由于潮流数据文件及动态数据文件的数据量较大，通常以数据文件的形式存储。编写代码时，需将原始数据以一定的方式读入。

数据的输出也有两种方式：一种通过屏幕输出；另一种以数据文件的形式输出。对于潮流、短路计算等结果，由于数据量较大，通常以数据文件的形式存储。

稳定计算中如发电机的摇摆曲线等，一般以图形的形式输出。

第二章　电力网络的数学模型

电力网络由输电线路、电力变压器、并联阻抗型负荷等元件组成。电力网络的数学模型由元件的伏安特性以及网络的连接方式决定。由电路理论可知，电路的连接关系一般采用节点电压方程或者回路电流方程描述，在电力系统中常采用节点电压方程。节点电压方程有两种表示方法：一是节点导纳矩阵的形式；二是节点阻抗矩阵的形式。

第一节　标　么　值

在电力系统分析计算中，大多采用标么制。标么制中各物理量都采用标么值（即相对值）来表示，使计算步骤简单，数值简便便于分析。

一、标么值

标么值的数学表达式为

$$标么值=\frac{有名值}{基准值} \tag{2-1}$$

任意一个物理量均可以用标么值表示。例如电阻、电抗的标么值分别为

$$\begin{cases} R_* = \dfrac{R}{Z_B} \\ X_* = \dfrac{X}{Z_B} \end{cases} \tag{2-2}$$

式中：R、X 为电阻、电抗的有名值，Ω；Z_B 为阻抗的基准值，Ω。

有功功率、无功功率和视在功率的标么值分别为

$$\begin{cases} P_* = \dfrac{P}{S_B} \\ Q_* = \dfrac{Q}{S_B} \\ S_* = \dfrac{S}{S_B} \end{cases} \tag{2-3}$$

式中：P 为有功功率，MW；Q 为无功功率，Mvar；S 为视在功率，MVA；S_B 为基准功率，MVA。

二、基准值的选取

三相电路中，有 U_B、I_B、S_B、Z_B 四个基准值，且各基准值满足如下三相电路的基本

关系

$$\begin{cases} U_B = \sqrt{3} Z_B I_B \\ S_B = \sqrt{3} U_B I_B \end{cases} \tag{2-4}$$

电力系统中通常选择电压 U_B 和视在功率 S_B 作为基准值，电流 I_B 和阻抗 Z_B 的基准值由式（2-4）得到

$$\begin{cases} I_B = \dfrac{S_B}{\sqrt{3} U_B} \\ Z_B = \dfrac{U_B}{\sqrt{3} I_B} = \dfrac{U_B^2}{S_B} \end{cases} \tag{2-5}$$

其中，S_B 的单位为 MVA；U_B 的单位为 kV。

三、基准值改变后标么值的换算

电力系统中各种电气设备如发电机、变压器、电抗器等阻抗参数均是以其本身的额定值为基准的标么值或者百分数给出的，而在电力系统计算时，必须取统一的基准值，因此要求将原来的以本身额定值为基准值的阻抗标么值换算到统一的基准值。

如发电机的铭牌一般给出其额定电压 U_N、额定功率 S_N 以及以自身额定值为基准的电抗标么值 $X_{G*(N)}$，将其换算到统一基准值的电抗标么值 $X_{G*(B)}$，可采用如下的转换关系

$$X_{G*(B)} = \frac{X_G}{Z_B} = \frac{X_{G*(N)} \dfrac{U_N^2}{S_N}}{\dfrac{U_B^2}{S_B}} = X_{G*(N)} \left(\frac{U_N}{U_B}\right)^2 \frac{S_B}{S_N} \tag{2-6}$$

对于变压器，一般给出其额定电压 U_N、额定功率 S_N 以及短路电压百分数 $U_d\%$，将其换算到统一基准值的电抗标么值 $X_{T*(B)}$ 为

$$X_{T*(B)} = \frac{X_T}{Z_B} = \frac{U_d\%}{100} \left(\frac{U_N}{U_B}\right)^2 \frac{S_B}{S_N} \tag{2-7}$$

电抗器在电力系统中用来限制短路电流，对于电抗器一般给出的是额定电压 U_N、额定电流 I_N 以及电抗百分数 $X_R\%$，将其换算到统一基准值的电抗标么值 $X_{R*(B)}$ 为

$$X_{R*(B)} = \frac{X_R}{Z_B} = \frac{X_R\%}{100} \frac{U_N}{U_B} \frac{I_B}{I_N} \tag{2-8}$$

四、变压器联系不同电压等级电网中各元件参数标么值的计算

以图 2-1 所示系统为例，该系统包含两台变压器和三段不同电压等级的系统。当采用有名值进行计算时，总是把不同电压等级的各个元件参数归算到同一电压等级。计算结束后再将计算结果折回到原电压等级，获得其有名值。

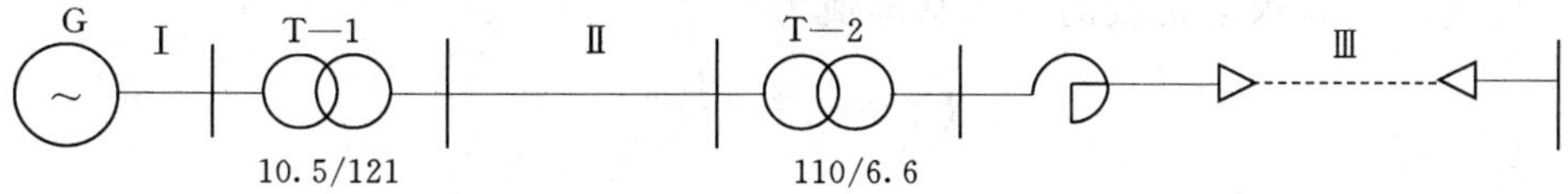

图 2-1 多电压等级系统图

采用标幺值计算时，将各元件参数归算到同一电压等级后，在此基础上选定统一的基准值求各元件参数的标幺值。下面分别介绍准确计算法和近似计算法，短路电流计算中一般采用近似计算法。

（一）准确计算法

假设在图 2-1 中选定第Ⅰ段为基本段，其他各段的参数均归算到该段，选定功率基准值 S_B 和电压基准值 U_B。各元件的电抗标幺值计算如下。

（1）发电机。发电机就在基本段，其电抗有名值不需要归算，故有

$$X_G = X_{G*(N)}\frac{U_{GN}^2}{S_{GN}}$$

$$X_{G*(B)} = X_G\frac{S_B}{U_{BI}^2} = X_{G*(N)}\frac{U_{GN}^2}{S_{GN}}\frac{S_B}{U_{BI}^2}$$

（2）变压器 T—1。它也在基本段，其 10.5kV 侧电抗有名值也不需要归算，其值为

$$X_{T1} = \frac{U_d\%}{100}\frac{U_{T1N}^2}{S_{T1N}}$$

其中，$U_{T1N}=10.5$kV。

电抗标幺值为

$$X_{T1*(B)} = X_{T1}\frac{S_B}{U_{BI}^2} = X_{T1*(N)}\frac{U_{T1N}^2}{S_{T1N}}\frac{S_B}{U_{BI}^2}$$

（3）第Ⅱ段输电线路。其电抗的有名值需先归算到第Ⅰ段，即

$$X'_L = k_1^2 X_L$$

其中，$k_1=\frac{10.5}{121}$，其标幺值为

$$X_{L*(B)} = k_1^2 X_L\frac{S_B}{U_{BI}^2} = X_L\frac{S_B}{U_{BII}^2}$$

此式表明线路电抗可以不归算到第Ⅰ段，而是将第Ⅰ段的电压基准值归算到第Ⅱ段，用统一的功率基准值和本段的电压基准值来计算标幺值。

（4）变压器 T—2。其 110kV 侧的电抗有名值为

$$X_{T2} = \frac{U_d\%}{100}\frac{U_{T2N}^2}{S_{T2N}}$$

其中，$U_{T2N}=110$kV，将其归算到第Ⅰ段为

$$X'_{T2} = k_1^2\frac{U_d\%}{100}\frac{U_{T2N}^2}{S_{T2N}}$$

其标幺值为

$$X_{T2*(B)} = X'_{T2}\frac{S_B}{U_{BI}^2} = k_1^2\frac{U_d\%}{100}\frac{U_{T2N}^2}{S_{T2N}}\frac{S_B}{U_{BI}^2} = \frac{U_d\%}{100}\frac{U_{T2N}^2}{S_{T2N}}\frac{S_B}{U_{BII}^2}$$

（5）电抗器。先求第Ⅲ段的电压基准值为

$$U_{B3} = \frac{U_{B2}}{k_2} = \frac{U_{B1}}{k_1 k_2}$$

其中，$k_2=\frac{110}{6.6}$，其相对于统一基准值的标幺值为

$$X_{R*(B)}=\frac{X_R\%}{100}\frac{U_N}{U_{B3}}\frac{I_{B3}}{I_N}=\frac{X_R\%}{100}\frac{U_N}{U_{B3}}\frac{\frac{S_B}{\sqrt{3}U_B}}{I_N}$$

其中，I_{B3}为第Ⅲ段电流基准值。

（6）第Ⅲ段电缆线路。其电抗标么值为

$$X_{L*(B)}=X_L\frac{S_B}{U_{B3}^2}$$

从以上推导过程可以看出，各元件用本段的电压基准值进行标么值计算的方法要简单得多。

（二）近似计算法

上述介绍的准确计算法是按变压器实际变比计算的。在近似计算中可不按实际变比，而是假定变压器的变比为各电压等级额定电压的平均值之比。以图 2－1 中第Ⅱ段 110kV 电网为例，其升压变压器二次侧的额定电压为 121kV，降压变一次侧额定电压为 110kV，所以其平均额定电压为 115kV。第Ⅰ段和第Ⅲ段电网的平均额定电压分别为 10.5kV 和 6.3kV。根据上述假定，图 2－1 中变压器 T—1 的变比为 10.5/115，变压器 T—2 的变比为 115/6.3。这样一来，各段的电压基准值就是各自的平均额定电压，则发电机、变压器的电抗标么值就不需要按电压归算了。

此时，发电机的电抗标么值为

$$X_{G*(B)}=X_{G*(N)}\frac{S_B}{S_{GN}}$$

变压器 T—1 的电抗标么值为

$$X_{T1*(B)}=X_{T1*(N)}\frac{S_B}{S_{T1N}}$$

变压器 T—2 的电抗标么值为

$$X_{T2*(B)}=\frac{U_d\%}{100}\frac{S_B}{S_{T2N}}$$

五、频率、角速度和时间的基准值

电力系统动态过程中涉及时间、转速、转矩和转动惯量等物理量，它们的基准值选取方法为：一般额定频率选择为 $f_B=50$Hz；电角速度的基准值为 $\omega_B=2\pi f_B$；时间 t 的基准值 $t_B=\frac{1}{\omega_B}=\frac{1}{100\pi}$，即同步电机转子转动一个弧度所需的时间。

第二节　多电压等级电力网络的等效电路

上节讨论表明，不论采用有名制还是标么制，凡涉及多电压等级网络的计算，都必须将所有参数和变量归算至同一电压等级。本节将介绍另一种可以体现变压器电压变换功能的模型，它也是运用计算机进行电力系统分析采用的变压器模型。由于这种模型可体现电压变换，在多电压等级网络计算中采用该模型后，就可以不必进行参数和变量的归算。

首先从一个未作电压归算的简单网络入手，如图 2－2（a）、（b）所示，设变压器 2 侧线路阻抗都未归算，即分别为线路Ⅰ、Ⅱ的实际阻抗。设变压器的变比为 k，为高、低压绕组电压之比。在不计变压器励磁回路的情况下，一台实际变压器可以用阻抗串联一台无损耗的理想变压器来模拟，图 2－2（c）所示为理想变压器串联在变压器阻抗的右侧的情形。

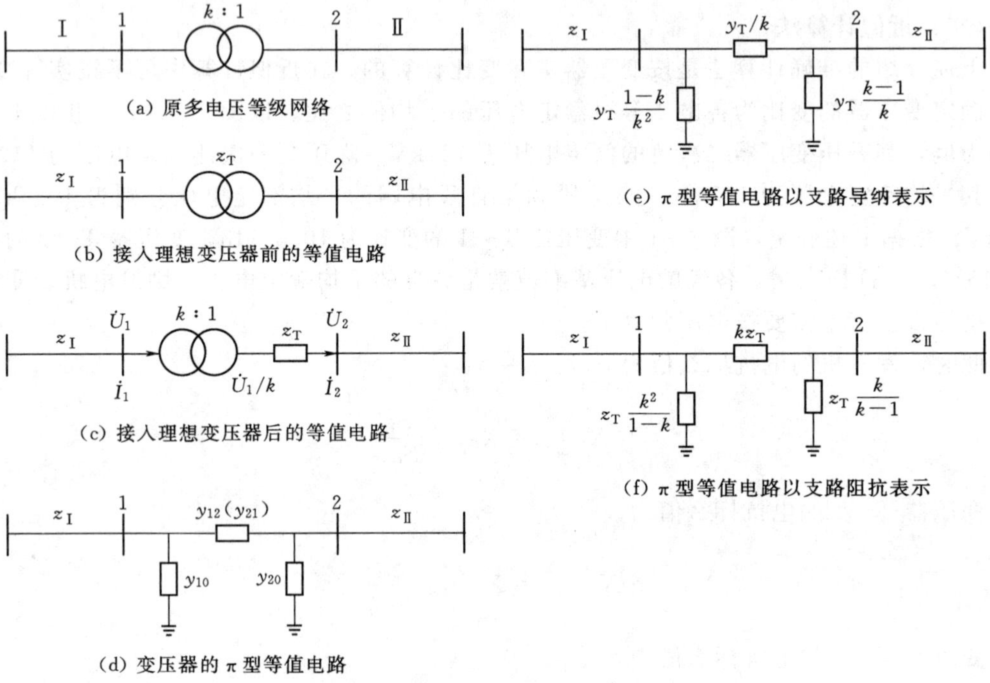

图 2－2　双绕组变压器等值电路

由图 2－2（c）可见，流入理想变压器的功率 $\widetilde{S}_1=\dot{U}_1\hat{I}_1$，流出变压器的功率为 $\widetilde{S}_2=\dot{U}_1\dfrac{\hat{I}_2}{k}$。流入、流出理想变压器的功率应相等，因此

$$\dot{U}_1\hat{I}_1=\dot{U}_1\frac{\hat{I}_2}{k} \tag{2-9}$$

从可知

$$\hat{I}_1=\frac{\hat{I}_2}{k} \tag{2-10}$$

此外，由图 2－2（c）可得

$$\frac{\dot{U}_1}{k}=\dot{U}_2+z_T\dot{I}_2 \tag{2-11}$$

联立式（2－10）和式（2－11）可得

$$\begin{cases}\dot{I}_1=\dfrac{\dot{U}_1}{k^2 z_T}-\dfrac{\dot{U}_2}{kz_T}\\ \dot{I}_2=\dfrac{\dot{U}_1}{kz_T}-\dfrac{\dot{U}_2}{z_T}\end{cases} \tag{2-12}$$

用 π 型等值电路表示该变压器，如图 2－2（d）所示。由式（2－12）可得

$$\begin{cases}y_{12}=y_{21}=\dfrac{1}{kz_T}\\ y_{10}=\dfrac{1-k}{k^2 z_T},y_{20}=\dfrac{k-1}{kz_T}\end{cases} \tag{2-13}$$

以式（2－13）表示的变压器模型如图 2－2（f）所示；令 $y_T=\dfrac{1}{z_T}$，就可得到以支路导纳表示的变压器模型，如图 2－2（e）所示。

值得注意的是，当变压器既能改变电压大小又具有移相功能时，其变比 k 将为复数。此时仍可根据上述方法求得参数 y_{10}、y_{20}、y_{12} 以及 y_{21}，如式（2－14）所示

$$\begin{cases}y_{10}=\dfrac{1-k}{k\hat{k}z_T},y_{20}=\dfrac{k-1}{kz_T}\\ y_{12}=\dfrac{1}{\hat{k}z_T},y_{21}=\dfrac{1}{kz_T}\end{cases} \tag{2-14}$$

式中：$\hat{k}$ 为 k 的共轭。

由式（2－14）可见，由于 $y_{12}\neq y_{21}$，电路的互易特性不复存在，π 型等值电路已无法表示该变压器模型。

对于三绕组变压器，可以用图 2－3 所示的电路来模拟，即把三绕组变压器的等值电路转变为两个双绕组变压器的等值电路问题。

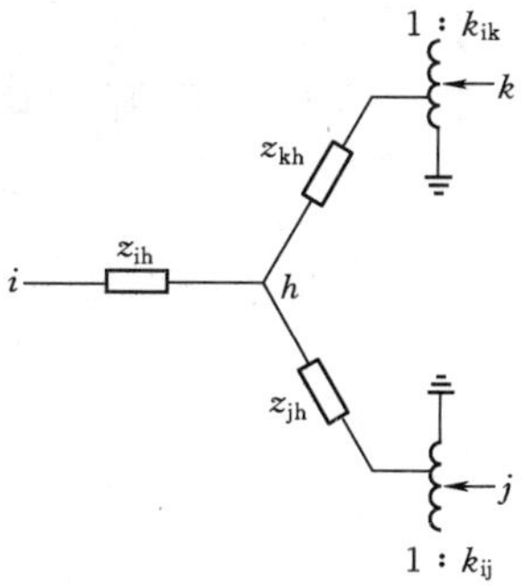

图 2－3　三绕组变压器等值电路

对于如图 2－4（a）所示的多级电压的电力网络，当变压器 T_1、T_2 的漏抗已归算到①侧及④侧时，可以用图 2－4（b）或图 2－4（c）所示等值电路来模拟。如果变压器 T_1、T_2 的漏抗已分别归算到②侧及③侧，则可以用图 2－4（e）或图 2－4（f）所示等值电路来模拟。注意到以下的关系

$$z'_{T1}=k_1^2 z_{T1},z'_{T2}=k_2^2 z_{T2} \tag{2-15}$$

容易看出，图 2－4（g）所示等值电路和图 2－4（d）所示等值电路并无任何实质的差别。

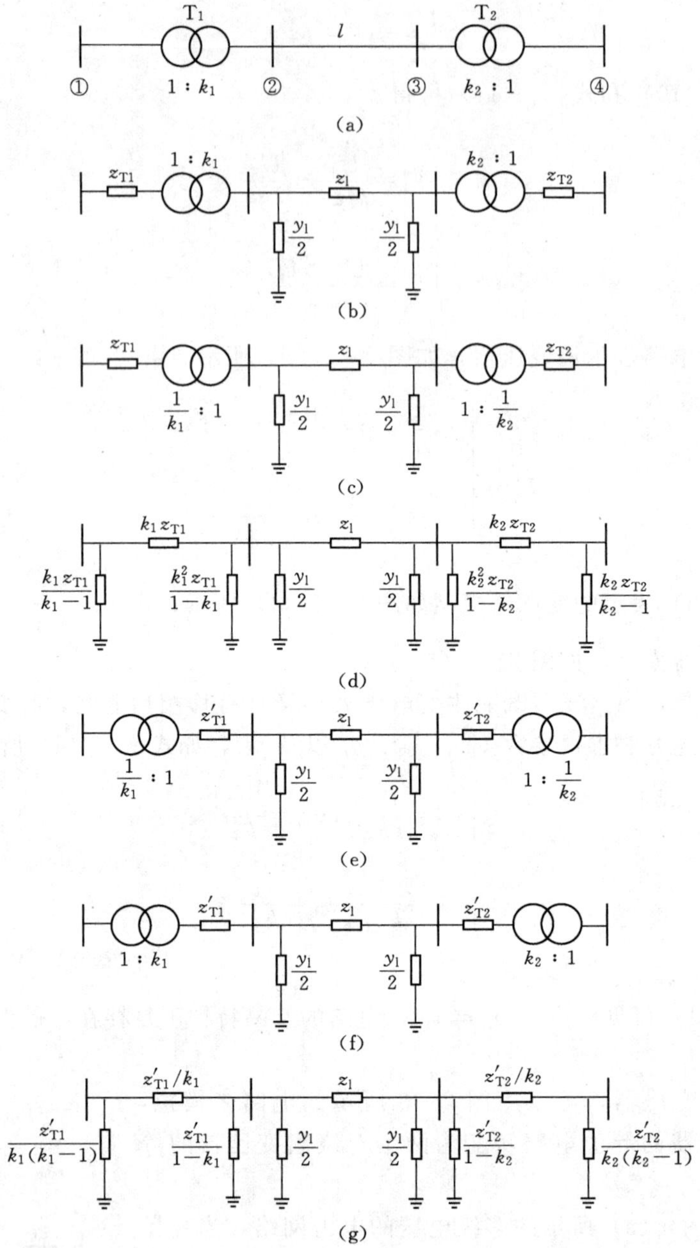

图 2-4　多级电压电力网络的等值电路

第三节　节 点 导 纳 矩 阵

设电力网络有 n 个独立节点，其节点电压方程为

$$\boldsymbol{I}=\boldsymbol{YU} \tag{2-16}$$

式中：$\boldsymbol{I}$ 为电流源注入节点的电流列向量；$\boldsymbol{U}$ 为节点电压列向量；$\boldsymbol{Y}$ 为节点导纳矩阵。

将式（2－16）展开成一般的形式，见式（2－17）

$$\begin{cases}\dot{I}_1=Y_{11}\dot{U}_1+Y_{12}\dot{U}_2+\cdots+Y_{1i}\dot{U}_i+\cdots+Y_{1n}\dot{U}_n\\ \dot{I}_2=Y_{21}\dot{U}_1+Y_{22}\dot{U}_2+\cdots+Y_{2i}\dot{U}_i+\cdots+Y_{2n}\dot{U}_n\\ \vdots\\ \dot{I}_i=Y_{i1}\dot{U}_1+Y_{i2}\dot{U}_2+\cdots+Y_{ii}\dot{U}_i+\cdots+Y_{in}\dot{U}_n\\ \vdots\\ \dot{I}_n=Y_{n1}\dot{U}_1+Y_{n2}\dot{U}_2+\cdots+Y_{ni}\dot{U}_i+\cdots+Y_{nn}\dot{U}_n\end{cases} \tag{2-17}$$

其中

$$\boldsymbol{Y}=\begin{bmatrix}Y_{11} & Y_{12} & \cdots & Y_{1i} & \cdots & Y_{1n}\\ Y_{21} & Y_{22} & \cdots & Y_{2i} & \cdots & Y_{2n}\\ \vdots & \vdots & \ddots & \vdots & \ddots & \vdots\\ Y_{i1} & Y_{i2} & \cdots & Y_{ii} & \cdots & Y_{in}\\ \vdots & \vdots & \ddots & \vdots & \ddots & \vdots\\ Y_{n1} & Y_{n2} & \cdots & Y_{ni} & \cdots & Y_{nn}\end{bmatrix} \tag{2-18}$$

一、节点导纳矩阵的物理意义

下面讨论节点导纳矩阵 $\boldsymbol{Y}$ 中各元素的物理意义。设在节点 i 加一单位电压源，而把其余节点全部接地，即令

$$\begin{cases}\dot{U}_i=1\\ \dot{U}_j=0 \quad (j=1,2\cdots n,j\neq i)\end{cases} \tag{2-19}$$

将式（2－19）代入式（2－17）可得

$$\begin{bmatrix}\dot{I}_1\\ \dot{I}_2\\ \vdots\\ \dot{I}_i\\ \vdots\\ \dot{I}_n\end{bmatrix}=\begin{bmatrix}Y_{1i}\\ Y_{2i}\\ \vdots\\ Y_{ii}\\ \vdots\\ Y_{ni}\end{bmatrix} \tag{2-20}$$

节点导纳矩阵中对角元 Y_{ii}，即节点 i 的自导纳，在数值上等于节点 i 加单位电压源，其他节点都接地时，节点 i 向电力网络注入的电流。节点导纳矩阵中非对角元 Y_{ij}，即节点 i 与节点 j 的互导纳，在数值上等于节点 i 加单位电压源，其他节点都接地时，节点 j 向电力网络的注入电流。

以图 2－5（a）所示的简单电力网络为例。

该网络有 3 个独立节点，节点导纳矩阵为 3 阶，即

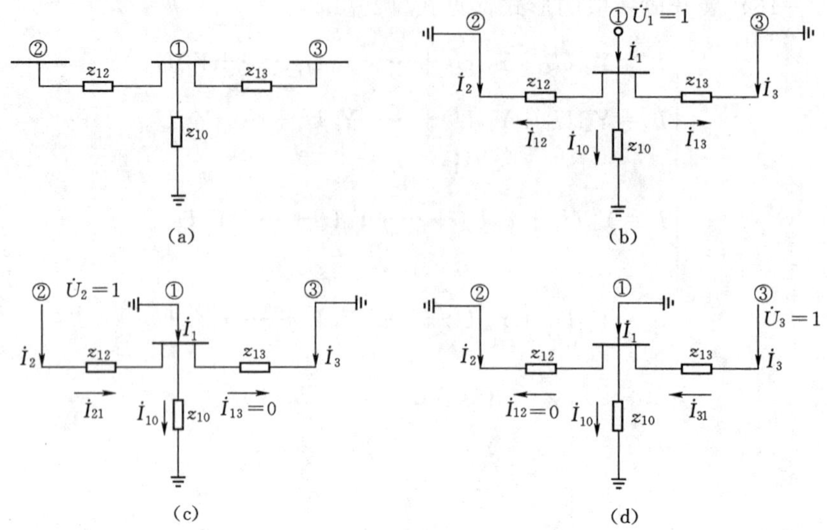

图 2-5　简单电力网络节点导纳矩阵的构成

$$\boldsymbol{Y}=\begin{bmatrix} Y_{11} & Y_{12} & Y_{13} \\ Y_{21} & Y_{22} & Y_{23} \\ Y_{31} & Y_{32} & Y_{33} \end{bmatrix}$$

首先讨论第 1 列元素 Y_{11}、Y_{21}、Y_{31}。根据上面的讨论，在节点 1 加单位电压源，节点 2 及节点 3 接地，如图 2-5（b）所示，可得

$$\dot{I}_1=\dot{I}_{12}+\dot{I}_{13}+\dot{I}_{10}=\frac{1}{z_{12}}+\frac{1}{z_{10}}+\frac{1}{z_{13}}=Y_{11}$$

$$\dot{I}_2=-\dot{I}_{12}=-\frac{1}{z_{12}}=Y_{21}$$

$$\dot{I}_3=-\dot{I}_{13}=-\frac{1}{z_{13}}=Y_{31}$$

同样可求得节点导纳矩阵的第 2 列元素为

$$\dot{I}_1=-\dot{I}_{21}=-\frac{1}{z_{12}}=Y_{12}$$

$$\dot{I}_2=\dot{I}_{21}=\frac{1}{z_{12}}=Y_{22}$$

$$\dot{I}_3=0=Y_{23}$$

节点导纳矩阵的第 3 列元素为

$$\dot{I}_1=-\dot{I}_{31}=-\frac{1}{z_{13}}=Y_{13}$$

$$\dot{I}_2=0=Y_{23}$$

$$\dot{I}_3=\dot{I}_{31}=\frac{1}{z_{13}}=Y_{33}$$

因此，图 2-5（a）所示简单电力网络的节点导纳矩阵为

$$\boldsymbol{Y}=\begin{bmatrix}\dfrac{1}{z_{12}}+\dfrac{1}{z_{10}}+\dfrac{1}{z_{13}} & -\dfrac{1}{z_{12}} & -\dfrac{1}{z_{13}}\\ -\dfrac{1}{z_{12}} & \dfrac{1}{z_{12}} & 0\\ -\dfrac{1}{z_{13}} & 0 & \dfrac{1}{z_{13}}\end{bmatrix} \tag{2-21}$$

通过上面的讨论，可以看出导纳矩阵有以下特点：

（1）节点导纳矩阵为对称矩阵。式（2-21）中，$Y_{12}=Y_{21}=-\dfrac{1}{z_{12}}$，$Y_{13}=Y_{31}=-\dfrac{1}{z_{13}}$，$Y_{23}=Y_{32}=0$。

（2）节点导纳矩阵为稀疏矩阵。电力系统中，通常每个节点的出线数平均为 2～4 条。节点导纳矩阵中每行非对角元素中平均仅有 2～4 个非零元素，其余的非对角元素均为零元素。所以，导纳矩阵中的零元素非常多，网络规模愈大时，这种现象愈显著。例如，有两个电力网络，节点数分别为 10 和 100，如果每个节点平均有 3 条出线，则前者导纳矩阵的非零元素为 40，占矩阵元素数（10×10）的 40%，而后者非零元素数位 400 个，仅占矩阵总元素的 4%。

在应用计算机求解电力系统课题时，应充分利用节点导纳矩阵的对称性和稀疏性，可大大提高计算的速度并节约内存。

二、节点导纳矩阵的计算

根据本章第二节的讨论，可以把节点导纳矩阵的求法归纳为以下几点：

（1）节点导纳矩阵的阶数等于电力网络的独立节点数。

（2）节点导纳矩阵的对角元，即各节点的自导纳，等于与相应节点直接相连所有支路的导纳之和，即

$$Y_{ii}=\sum_{j\in i}y_{ij} \tag{2-22}$$

当节点 i 有接地支路时，还应包括 $j=0$（接地支路）的情况。

（3）节点导纳矩阵非对角元素 Y_{ij} 等于节点 i 与节点 j 间所有支路导纳之和的负值，即

$$Y_{ij}=-\frac{1}{z_{ij}}=-y_{ij} \tag{2-23}$$

例如，图 2-5（a）中，$Y_{12}=-\dfrac{1}{z_{12}}=-y_{12}$，$Y_{13}=-\dfrac{1}{z_{13}}=-y_{13}$，等等。

按照以上原则，无论电力网络多么复杂，都可以根据给定的支路参数和接线情况，直观地求出节点导纳矩阵。当有变压器支路时，可先把变压器支路用图 2-2 所示 π 型等值电路来代替，再按以上原则形成节点导纳矩阵。

【例 2-1】 图 2-6 所示为某电力网络的等值电路。图 2-6 中给出了支路阻抗和对地导纳的标么值。其中节点②和节点④、节点③和节点⑤之间为变压器支路，变压器漏抗和变比如图 2-6 所示，试求其节点导纳矩阵。

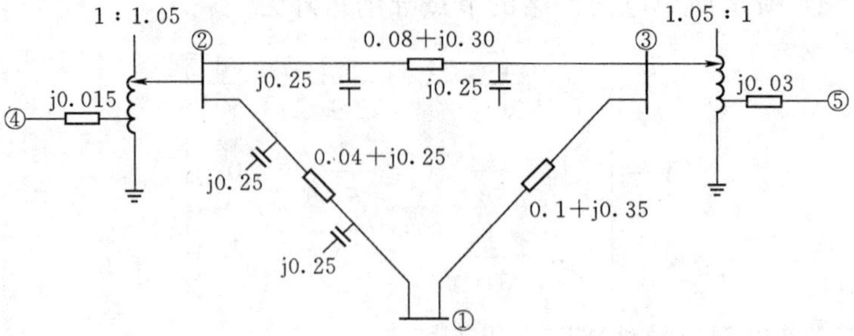

图 2-6　[例 2-1]

解：节点①的自导纳为

$$Y_{11}=y_{10}+y_{12}+y_{13}=\mathrm{j}0.25+\frac{1}{0.04+\mathrm{j}0.25}+\frac{1}{0.1+\mathrm{j}0.35}=1.378742-\mathrm{j}6.291665$$

与节点①有关的互导纳为

$$Y_{21}=Y_{12}=-y_{12}=-\frac{1}{0.04+\mathrm{j}0.25}=-0.624025+\mathrm{j}3.900156$$

$$Y_{31}=Y_{13}=-y_{13}=-\frac{1}{0.1+\mathrm{j}0.35}=-0.754717+\mathrm{j}2.641509$$

支路②—④为变压器支路，采用图 2-2（a）所示的模拟电路，则有

$$Y_{22}=y_{20}+y_{12}+y_{23}+\frac{y_{42}}{k_{42}^2}$$

$$=(\mathrm{j}0.25+\mathrm{j}0.25)+\frac{1}{0.04+\mathrm{j}0.25}+\frac{1}{0.08+\mathrm{j}0.30}+\frac{1}{\mathrm{j}0.015}\times\frac{1}{1.05^2}$$

$$=1.453909-\mathrm{j}66.98082$$

与节点②有关的互导纳为

$$Y_{23}=Y_{32}=-\frac{1}{0.08+\mathrm{j}0.30}=-0.829876+\mathrm{j}3.112033$$

$$Y_{24}=Y_{42}=-\frac{y_{42}}{k_{42}}=-\frac{1}{\mathrm{j}0.015}\times\frac{1}{1.05}=\mathrm{j}63.49206$$

用类似的方法可以求出节点导纳矩阵中的其他元素。最后得到该网络的节点导纳矩阵为

$$\boldsymbol{Y}=\begin{bmatrix}
\begin{matrix}1.378742\\-\mathrm{j}6.291665\end{matrix} & \begin{matrix}-0.624024\\+\mathrm{j}3.900156\end{matrix} & \begin{matrix}-0.754717\\+\mathrm{j}2.641509\end{matrix} & 0 & 0\\
\begin{matrix}-0.624024\\+\mathrm{j}3.900156\end{matrix} & \begin{matrix}1.453909\\-\mathrm{j}66.98082\end{matrix} & \begin{matrix}-0.829876\\+\mathrm{j}3.112033\end{matrix} & \begin{matrix}0.000000\\+\mathrm{j}63.49206\end{matrix} & 0\\
\begin{matrix}-0.754717\\+\mathrm{j}2.641509\end{matrix} & \begin{matrix}-0.829876\\+\mathrm{j}3.112033\end{matrix} & \begin{matrix}1.584596\\-\mathrm{j}35.73786\end{matrix} & 0 & \begin{matrix}0.000000\\+\mathrm{j}31.74603\end{matrix}\\
0 & \begin{matrix}0.000000\\+\mathrm{j}63.49206\end{matrix} & 0 & \begin{matrix}0.00000\\-\mathrm{j}66.66667\end{matrix} & 0\\
0 & 0 & \begin{matrix}0.000000\\+\mathrm{j}31.74603\end{matrix} & 0 & \begin{matrix}0.000000\\-\mathrm{j}33.33333\end{matrix}
\end{bmatrix}$$

三、节点导纳矩阵形成的流程图

形成节点导纳矩阵的程序流程如图 2－7 所示。

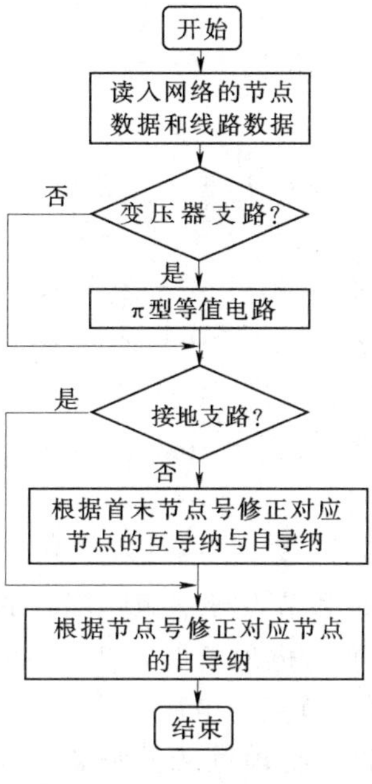

图 2－7　形成节点导纳矩阵流程图

首先根据读入的节点参数和支路参数，得到网络的节点数和支路数；根据支路参数，判断是变压器支路还是线路：如是线路，由线路的支路阻抗计算线路的支路导纳，根据线路的充电功率计算其并联电纳；如是变压器支路，根据变压器的 π 型等值线路计算其串联及并联支路的导纳值。

判断是接地支路还是非接地支路，如是接地支路，修正对应节点的自导纳；如果是非接地支路，修正对应节点的自导纳和互导纳矩阵元素。

第四节　节 点 阻 抗 矩 阵

一、节点阻抗矩阵的物理意义

对于式（2－16）所示的节点电压方程，对电力系统计算来说，通常 $\boldsymbol{Y}$ 和 $\boldsymbol{I}$ 为已知量，$\boldsymbol{U}$ 为待求量。求解时可将节点导纳矩阵求逆，即

$$\boldsymbol{Z}=\boldsymbol{Y}^{-1} \tag{2-24}$$

则节点电压方程变为

$$\boldsymbol{U}=\boldsymbol{Y}^{-1}\boldsymbol{I}=\boldsymbol{Z}\boldsymbol{I} \tag{2-25}$$

展开为

$$\begin{cases}\dot{U}_1 = Z_{11}\dot{I}_1 + Z_{12}\dot{I}_2 + \cdots + Z_{1i}\dot{I}_i + \cdots + Z_{1n}\dot{I}_n \\ \dot{U}_2 = Z_{21}\dot{I}_1 + Z_{22}\dot{I}_2 + \cdots + Z_{2i}\dot{I}_i + \cdots + Z_{2n}\dot{I}_n \\ \vdots \\ \dot{U}_i = Z_{i1}\dot{I}_1 + Z_{i2}\dot{I}_2 + \cdots + Z_{ii}\dot{I}_i + \cdots + Z_{in}\dot{I}_n \\ \vdots \\ \dot{U}_n = Z_{n1}\dot{I}_1 + Z_{n2}\dot{I}_2 + \cdots + Z_{ni}\dot{I}_i + \cdots + Z_{nn}\dot{I}_n \end{cases} \tag{2-26}$$

其中

$$\boldsymbol{Z} = \begin{bmatrix} Z_{11} & Z_{12} & \cdots & Z_{1i} & \cdots & Z_{1n} \\ Z_{21} & Z_{22} & \cdots & Z_{2i} & \cdots & Z_{2n} \\ \vdots & \vdots & \ddots & \vdots & \ddots & \vdots \\ Z_{i1} & Z_{i2} & \cdots & Z_{ii} & \cdots & Z_{in} \\ \vdots & \vdots & \cdots & \vdots & \ddots & \vdots \\ Z_{n1} & Z_{n2} & \cdots & Z_{ni} & \cdots & Z_{nn} \end{bmatrix} \tag{2-27}$$

称 $\boldsymbol{Z}$ 为节点阻抗矩阵。显然，它是和节点导纳矩阵同阶的对称方阵。对角元 Z_{ii} 称为节点 i 的自阻抗或输入阻抗，非对角元素 Z_{ij} 称为节点 i 和 j 间的互阻抗或转移阻抗。当注入电流已知时，由式（2-26）直接求得各节点的电压。

下面讨论节点阻抗矩阵各元素的物理意义。如果在节点 i 注入单位电流源，而让其他节点全部开路，即令

$$\begin{cases}\dot{I}_i = 1 \\ \dot{I}_j = 0 \quad (j = 1, 2\cdots n, j \neq i)\end{cases} \tag{2-28}$$

由式（2-26）可得

$$\begin{bmatrix}\dot{U}_1 \\ \dot{U}_2 \\ \vdots \\ \dot{U}_i \\ \vdots \\ \dot{U}_n\end{bmatrix} = \begin{bmatrix} Z_{1i} \\ Z_{2i} \\ \vdots \\ Z_{ii} \\ \vdots \\ Z_{ni}\end{bmatrix} \tag{2-29}$$

由此可看出节点阻抗矩阵各元素的物理意义如下：

（1）对角元 Z_{ii}，即节点 i 的自阻抗，在数值上等于节点 i 注入单位电流，其他节点都在开路状态时，节点 i 的电压。因此，Z_{ii} 也可以看作其他节点都开路时，从节点 i 向整个网络看进去的对地等值阻抗。只要网络有接地支路且节点 i 与电力网络相连，则 Z_{ii} 必为一非零的有限数值。

（2）非对角元 Z_{ij}，即节点 i 与 j 间的互阻抗，在数值上等于节点 i 注入单位电流，其他节点都在开路状态时，节点 j 的电压。由于在电力网络中各节点之间总是相互有电磁联

系（包括间接的联系），因此当节点 i 向网络注入单位电流，而其他节点开路时，所有节点电压都不应为零。也就是说，互阻抗 Z_{ij} 都是非零元素。所以节点阻抗矩阵是一个满矩阵，即矩阵中没有零元素。

形成电力网络的节点阻抗矩阵要比节点导纳矩阵复杂，一般采用两种不同的方法求取：①根据节点导纳矩阵求逆的方法；②支路追加法。下面将分别介绍这两种方法。

二、根据节点导纳矩阵求节点阻抗矩阵

数学上矩阵求逆通常用伴随矩阵的方法，要求计算该矩阵的行列式及其伴随矩阵，当矩阵的阶数较高时，计算量很大。也可将矩阵三角分解，再通过前代和回代方法求得逆矩阵。

1. 节点导纳矩阵的三角分解

由于节点导纳矩阵 $\boldsymbol{Y}$ 对角占优，因此 $\boldsymbol{Y}$ 为非奇异矩阵。由三角分解定理可知，任何一个非奇异矩阵可唯一分解为单位下三角矩阵 $\boldsymbol{L}$ 和上三角矩阵的 $\boldsymbol{R}$ 的乘积。节点导纳矩阵可分解为 $\boldsymbol{Y}=\boldsymbol{LR}$，其中

$$\boldsymbol{L}=\begin{bmatrix} 1 & & & & \\ l_{21} & 1 & & \boldsymbol{0} & \\ l_{31} & l_{32} & 1 & & \\ \vdots & \vdots & \vdots & \ddots & \\ l_{n1} & l_{n2} & l_{n3} & \cdots & 1 \end{bmatrix} \tag{2-30}$$

$$\boldsymbol{R}=\begin{bmatrix} r_{11} & r_{12} & r_{13} & \cdots & r_{1n} \\ & r_{22} & r_{23} & \cdots & r_{2n} \\ & & r_{33} & \cdots & r_{3n} \\ & \boldsymbol{0} & & \ddots & \vdots \\ & & & & r_{nn} \end{bmatrix} \tag{2-31}$$

当矩阵 $\boldsymbol{Y}$ 对称时，可以将它分解为

$$\boldsymbol{Y}=\boldsymbol{LDL}^{\mathrm{T}} \tag{2-32}$$

其中，$\boldsymbol{D}$ 为对角矩阵，即

$$\boldsymbol{D}=\begin{bmatrix} d_{11} & & & \\ & d_{22} & & \\ & & \ddots & \\ & & & d_{nn} \end{bmatrix} \tag{2-33}$$

各元素的求解见式（2-34）。

$$\begin{cases} l_{mk}=\dfrac{1}{d_{kk}}\left(Y_{mk}-\sum\limits_{p=1}^{k-1} l_{mp} d_{pp} l_{kp}\right)\begin{pmatrix} k=1,2,3,\cdots,n-1; \\ m=k+1,k+2,\cdots,n \end{pmatrix} \\ d_{kk}=Y_{kk}-\sum\limits_{p=1}^{k-1} l_{kp}^2 d_{pp}\,(k=1,2,3,\cdots,n) \end{cases} \tag{2-34}$$

2. 节点阻抗矩阵的形成

节点阻抗矩阵 $\boldsymbol{Z}$ 的第 j 列为 $\boldsymbol{Z}_j$，则有

$$\boldsymbol{YZ}_{\mathrm{j}}=\boldsymbol{I}_{\mathrm{j}} \tag{2-35}$$

其中，$\boldsymbol{I}_{\mathrm{j}}$ 为单位矩阵 $\boldsymbol{I}$ 的第 j 列。分别令 $j=1, 2, \cdots, n$，即可求出节点阻抗矩阵 $\boldsymbol{Z}$ 的全部元素。

$$\boldsymbol{YZ}=\boldsymbol{LDL}^{\mathrm{T}}\boldsymbol{Z}=\boldsymbol{I} \tag{2-36}$$

根据式（2－36）求取节点阻抗矩阵的方法有前推回代法和连续回代法，下面分别介绍这两种方法。

（1）前推回代法。将节点导纳矩阵三角分解得到矩阵 $\boldsymbol{L}$ 和 $\boldsymbol{D}$ 后，采用前推回代法求解节点阻抗矩阵 $\boldsymbol{Z}$ 的过程可分为以下 3 个步骤。

1）步骤 1：前推过程。令式（2－36）中的 $\boldsymbol{DL}^{\mathrm{T}}\boldsymbol{Z}=\boldsymbol{X}$，则根据 $\boldsymbol{LX}=\boldsymbol{I}$ 中的第 j 列 $\boldsymbol{LX}_{\mathrm{j}}=\boldsymbol{I}_{\mathrm{j}}$，求解 $\boldsymbol{X}_{\mathrm{j}}$。

$$\begin{bmatrix} 1 & & & & & & \\ l_{21} & 1 & & & & & \\ l_{31} & l_{32} & 1 & & & & \\ \cdots & \cdots & \cdots & \ddots & & & \\ l_{\mathrm{j1}} & l_{\mathrm{j2}} & \cdots & l_{\mathrm{j,j-1}} & 1 & & \\ \cdots & \cdots & \cdots & \cdots & \cdots & \ddots & \\ l_{\mathrm{n1}} & l_{\mathrm{n2}} & \cdots & l_{\mathrm{nj}} & \cdots & l_{\mathrm{n,n-1}} & 1 \end{bmatrix} \begin{bmatrix} x_{\mathrm{1j}} \\ x_{\mathrm{2j}} \\ x_{\mathrm{3j}} \\ \vdots \\ x_{\mathrm{jj}} \\ \vdots \\ x_{\mathrm{nj}} \end{bmatrix} = \begin{bmatrix} 0 \\ 0 \\ 0 \\ \vdots \\ 1 \\ 0 \\ \vdots \end{bmatrix} \begin{matrix} \\ \\ \\ \\ \leftarrow j\text{ 行} \\ \\ \\ \end{matrix} \tag{2-37}$$

分别令 $j=1, 2, \cdots, n$，即可顺序求出 $\boldsymbol{X}$ 中各元素。

2）步骤 2：规格化过程。令式（2－36）中的 $\boldsymbol{L}^{\mathrm{T}}\boldsymbol{Z}=\boldsymbol{W}$，根据 $\boldsymbol{DW}=\boldsymbol{X}$ 求解矩阵 $\boldsymbol{W}$。

$$\begin{bmatrix} d_1 & & & \\ & d_2 & & \\ & & \ddots & \\ & & & d_{\mathrm{n}} \end{bmatrix} \begin{bmatrix} w_{11} & w_{12} & \cdots & w_{\mathrm{1n}} \\ w_{21} & w_{22} & \cdots & w_{\mathrm{2n}} \\ \vdots & \vdots & \ddots & \vdots \\ w_{\mathrm{n1}} & w_{\mathrm{n2}} & \cdots & w_{\mathrm{nn}} \end{bmatrix} = \begin{bmatrix} x_{11} & x_{12} & \cdots & x_{\mathrm{1n}} \\ x_{21} & x_{22} & \cdots & x_{\mathrm{2n}} \\ \vdots & \vdots & \ddots & \vdots \\ x_{\mathrm{n1}} & x_{\mathrm{n2}} & \cdots & x_{\mathrm{nn}} \end{bmatrix} \tag{2-38}$$

3）步骤 3：回代过程。根据 $\boldsymbol{L}^{\mathrm{T}}\boldsymbol{Z}=\boldsymbol{W}$ 中的第 j 列 $\boldsymbol{L}^{\mathrm{T}}\boldsymbol{Z}_{\mathrm{j}}=\boldsymbol{W}_{\mathrm{j}}$，求节点阻抗矩阵 $\boldsymbol{Z}_{\mathrm{j}}$。

$$\begin{bmatrix} 1 & l_{21} & l_{31} & \cdots & l_{j1} & \cdots & \cdots & l_{\mathrm{n1}} \\ & 1 & l_{32} & \cdots & l_{\mathrm{j2}} & \cdots & \cdots & l_{\mathrm{n2}} \\ & & \ddots & & & & & \vdots \\ & & & 1 & & l_{\mathrm{j+1,j}} & \cdots & l_{\mathrm{nj}} \\ & & & & \ddots & & & \vdots \\ & & & & & 1 & & l_{\mathrm{n,n-1}} \\ & & & & & & & 1 \end{bmatrix} \begin{bmatrix} Z_{\mathrm{1j}} \\ Z_{\mathrm{2j}} \\ \vdots \\ Z_{\mathrm{jj}} \\ \vdots \\ Z_{\mathrm{n-1,j}} \\ Z_{\mathrm{nj}} \end{bmatrix} = \begin{bmatrix} w_{\mathrm{1j}} \\ w_{\mathrm{2j}} \\ \vdots \\ w_{\mathrm{jj}} \\ \vdots \\ w_{\mathrm{n-1,j}} \\ w_{\mathrm{n,j}} \end{bmatrix} \tag{2-39}$$

分别令 $j=1, 2, \cdots, n$，即可顺序求出 $\boldsymbol{Z}$ 中各元素。

（2）连续回代法求节点阻抗矩阵。利用前推回代法求解节点阻抗矩阵各元素时，由步

骤 1 求解的 $\boldsymbol{X}_j$ 应有以下形式

$$\begin{bmatrix} 1 & & & & & & \\ l_{21} & 1 & & & & & \\ l_{31} & l_{32} & 1 & & & & \\ \cdots & \cdots & \cdots & \ddots & & & \\ l_{j1} & l_{j2} & \cdots & l_{j,j-1} & 1 & & \\ \cdots & \cdots & \cdots & \cdots & \cdots & \ddots & \\ l_{n1} & l_{n2} & \cdots & l_{nj} & \cdots & l_{n,n-1} & 1 \end{bmatrix} \begin{bmatrix} x_1 \\ x_2 \\ x_3 \\ \vdots \\ x_j \\ \vdots \\ x_n \end{bmatrix} = \begin{bmatrix} 0 \\ 0 \\ 0 \\ \vdots \\ 1 \\ \vdots \\ 0 \end{bmatrix} \Rightarrow \boldsymbol{X}_j = \begin{bmatrix} 0 \\ 0 \\ \vdots \\ 1 \\ x_{j+1} \\ x_{j+2} \\ \vdots \\ x_n \end{bmatrix} \tag{2-40}$$

步骤 2 的规格化过程，解得的 $\boldsymbol{W}_j$ 为

$$\begin{cases} \boldsymbol{W}_1 = \dfrac{\boldsymbol{X}_1}{d_1} \\ \boldsymbol{W}_2 = \dfrac{\boldsymbol{X}_2}{d_2} \\ \quad\vdots \\ \boldsymbol{W}_j = \dfrac{\boldsymbol{X}_j}{d_j} \\ \quad\vdots \\ \boldsymbol{W}_n = \dfrac{\boldsymbol{X}_n}{d_n} \end{cases} \Rightarrow \boldsymbol{W}_j = \begin{bmatrix} 0 \\ 0 \\ \vdots \\ 0 \\ \dfrac{1}{d_j} \\ w_{j+1} \\ w_{j+2} \\ \vdots \\ w_n \end{bmatrix} \tag{2-41}$$

根据 $\boldsymbol{L}^T\boldsymbol{Z}_j = \boldsymbol{W}_j$ 自下而上按行对 $\boldsymbol{W}_j$ 进行回代，回代到第 j 行时，$\boldsymbol{W}_j$ 的状态应为

$$\begin{bmatrix} 1 & l_{21} & \cdots & l_{j1} & \cdots & l_{n-1,1} & l_{n1} \\ & 1 & \cdots & l_{j2} & \cdots & l_{n-1,2} & l_{n2} \\ & & \ddots & \cdots & \cdots & \cdots & \vdots \\ & & & 1 & \cdots & l_{n-1,j} & l_{n,j} \\ & & & & \ddots & \cdots & \vdots \\ & & & & & 1 & l_{n,n-1} \\ & & & & & & 1 \end{bmatrix} \begin{bmatrix} Z_{1j} \\ Z_{2j} \\ \vdots \\ Z_{jj} \\ \vdots \\ Z_{n-1,j} \\ Z_{n,j} \end{bmatrix} = \begin{bmatrix} 0 \\ \vdots \\ 0 \\ \dfrac{1}{d_j} \\ \vdots \\ w_{n-1} \\ w_n \end{bmatrix} \tag{2-42}$$

如果 $Z_{j+1,j}$、$Z_{j+2,j}$、…、Z_{nj} 已知，则以上运算完全可省略，直接由 $\dfrac{1}{d_j}$ 和 $Z_{j+1,j}$、$Z_{j+2,j}$、…、Z_{nj}，从第 j 行开始自下而上进行回代，顺序求出 Z_{jj}、$Z_{j-1,j}$、…、Z_{1j}。

由于节点阻抗矩阵对称，则有

$$\begin{cases} Z_{j+1,j} = Z_{j,j+1} \\ Z_{j+2,j} = Z_{j,j+2} \\ Z_{nj} = Z_{jn} \end{cases} \tag{2-43}$$

因此，当按照 $j=n$，$n-1$，…，$j+1$ 顺序从右向左逐列形成 $\boldsymbol{Z}_n$、$\boldsymbol{Z}_{n-1}$、…、$\boldsymbol{Z}_{j+1}$、$\boldsymbol{Z}_j$ 时，所需要的元素已全部求出，这样就可以省去全部前代过程计算及部分回代过程的运

算。求阻抗矩阵第 j 列元素 $\boldsymbol{Z}_j$ 的起始状态如图 2-8 所示。

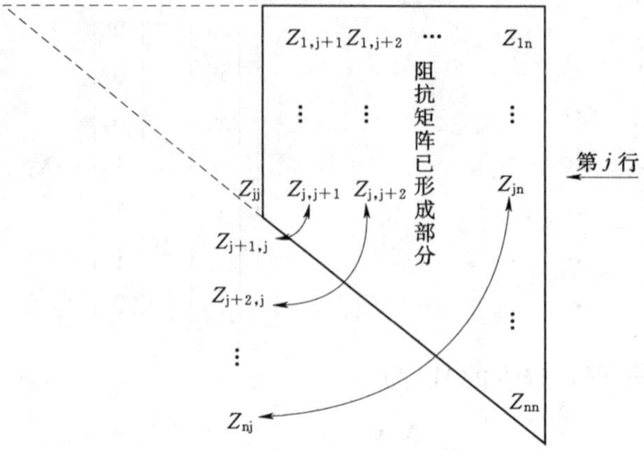

图 2-8 节点阻抗矩阵在形成过程中的结构

连续回代法求得阻抗矩阵第 j 列的对角元素和非对角元素如下

$$\begin{cases} Z_{jj} = \dfrac{1}{d_j} - \sum\limits_{k=j+1}^{n} l_{kj} Z_{jk} & (j = n, n-1, \cdots, 1) \\ Z_{ij} = -\left(\sum\limits_{k=j+1}^{n} l_{ki} Z_{jk} + \sum\limits_{k=i+1}^{j} l_{ki} Z_{kj}\right) & (i = j-1, j-2, \cdots, 1) \end{cases} \tag{2-44}$$

由上述分析可知，可通过连续回代法自右向左、自上而下求出节点阻抗矩阵的全部元素，大大提高了形成节点阻抗矩阵的速度。

【例 2-2】 用连续回代法由导纳矩阵求［例 2-1］所示电力网络的阻抗矩阵。

解： 对［例 2-1］所形成的节点导纳矩阵进行三角分解，得

$$d_1 = Y_{11} = 1.378742 - \text{j}6.291665$$

$$l_{21} = \frac{Y_{21}}{d_1} = \frac{-0.624024 + \text{j}3.900156}{1.378742 - \text{j}6.291665} = 0.612227 + \text{j}0.034979$$

$$\begin{aligned} d_2 &= Y_{22} - l_{21}^2 d_1 \\ &= (1.453909 - \text{j}66.98082) - (0.612227 + \text{j}0.034979)^2 \times (1.378742 - \text{j}6.291665) \\ &= 1.208288 - \text{j}64.57121 \end{aligned}$$

同样，可以用递推公式求出其他元素。最后将导纳矩阵分解为

$$\boldsymbol{L} = \begin{bmatrix} 1 & 0 & 0 & 0 & 0 \\ \begin{matrix}-0.612227\\+\text{j}0.034979\end{matrix} & 1 & 0 & 0 & 0 \\ \begin{matrix}-0.425687\\-\text{j}0.026671\end{matrix} & \begin{matrix}-0.073971\\-\text{j}0.017193\end{matrix} & 1 & 0 & 0 \\ 0 & \begin{matrix}-0.982943\\+\text{j}0.018393\end{matrix} & \begin{matrix}-0.137743\\-\text{j}0.027718\end{matrix} & 1 & 0 \\ 0 & 0 & \begin{matrix}-0.924654\\+\text{j}0.027559\end{matrix} & \begin{matrix}-1.189287\\+\text{j}0.048151\end{matrix} & 1 \end{bmatrix}$$

$$D=\begin{bmatrix} 1.378742 \\ -j6.291665 \\ & 1.208288 \\ & -j64.57121 \\ && 1.022377 \\ && -j34.30237 \\ &&& 0.887283 \\ &&& -j3.640902 \\ &&&& 0.038964 \\ &&&& +j1.263678 \end{bmatrix}$$

形成节点阻抗矩阵的第 5 列元素为

$$Z_{55}=\frac{1}{d_{55}}-\sum_{k=6}^{5}l_{k5}Z_{5k}=\frac{1}{d_{55}}$$

$$Z_{45}=-\left(\sum_{k=6}^{5}l_{k4}Z_{5k}+\sum_{k=5}^{5}l_{k4}Z_{k5}\right)=-\sum_{k=5}^{5}l_{k4}Z_{k5}=-l_{54}Z_{55}$$

$$Z_{35}=-\sum_{k=4}^{5}l_{k3}Z_{k5}=-l_{43}Z_{45}-l_{53}Z_{55}$$

$$Z_{25}=-\sum_{k=3}^{5}l_{k2}Z_{k5}=-l_{32}Z_{35}-l_{42}Z_{45}-l_{52}Z_{55}$$

$$Z_{15}=-\sum_{k=2}^{5}l_{k1}Z_{k5}=-l_{21}Z_{25}-l_{31}Z_{35}-l_{41}Z_{45}-l_{51}Z_{55}$$

依此类推，分别形成节点阻抗矩阵的第 4 列～第 1 列各元素为

$$Z_{44}=\frac{1}{d_{44}}-\sum_{k=5}^{5}l_{k4}Z_{4k}=\frac{1}{d_{44}}-l_{54}Z_{45}$$

$$Z_{34}=-\left(\sum_{k=5}^{5}l_{k3}Z_{4k}+\sum_{k=4}^{4}l_{k3}Z_{k4}\right)=-l_{53}Z_{45}-l_{43}Z_{44}$$

$$Z_{24}=-\left(\sum_{k=5}^{5}l_{k2}Z_{4k}+\sum_{k=3}^{4}l_{k2}Z_{k4}\right)=-l_{52}Z_{45}-l_{32}Z_{34}-l_{42}Z_{44}$$

$$Z_{14}=-\left(\sum_{k=5}^{5}l_{k1}Z_{4k}+\sum_{k=2}^{4}l_{k1}Z_{k4}\right)=-l_{51}Z_{45}-l_{21}Z_{24}-l_{31}Z_{34}-l_{41}Z_{44}$$

$$Z_{33}=\frac{1}{d_{33}}-\sum_{k=4}^{5}l_{k3}Z_{3k}=\frac{1}{d_{44}}-l_{43}Z_{34}-l_{53}Z_{35}$$

$$Z_{23}=-\left(\sum_{k=4}^{5}l_{k2}Z_{3k}+\sum_{k=3}^{3}l_{k2}Z_{k3}\right)=-l_{42}Z_{34}-l_{52}Z_{35}-l_{32}Z_{33}$$

$$Z_{13}=-\left(\sum_{k=4}^{5}l_{k1}Z_{3k}+\sum_{k=2}^{3}l_{k1}Z_{k3}\right)=-l_{41}Z_{34}-l_{51}Z_{35}-l_{21}Z_{23}-l_{31}Z_{33}$$

$$Z_{22}=\frac{1}{d_{22}}-\sum_{k=3}^{5}l_{k2}Z_{2k}=\frac{1}{d_{22}}-l_{32}Z_{23}-l_{42}Z_{24}-l_{52}Z_{25}$$

$$Z_{12}=-\left(\sum_{k=3}^{5}l_{k1}Z_{2k}+\sum_{k=2}^{2}l_{k1}Z_{k2}\right)=-l_{31}Z_{23}-l_{41}Z_{24}-l_{51}Z_{25}-l_{21}Z_{22}$$

$$Z_{11}=\frac{1}{d_{11}}-\sum_{k=2}^{5}l_{k1}Z_{1k}=\frac{1}{d_{11}}-l_{21}Z_{12}-l_{31}Z_{13}-l_{41}Z_{14}-l_{51}Z_{15}$$

节点阻抗矩阵各元素参数如下

$$\boldsymbol{Z}=\begin{bmatrix} 0.017972 & -0.005555 & -0.006862 & -0.005290 & -0.006535 \\ -j0.914690 & -j1.032911 & -j1.019487 & -j0.983725 & -j0.970940 \\ -0.005555 & 0.007781 & -0.010007 & 0.007410 & -0.009530 \\ -j1.032911 & -j0.964591 & -j1.037907 & -j0.918658 & -j0.988482 \\ -0.006862 & -0.010007 & 0.026875 & -0.009530 & 0.025596 \\ -j1.019487 & -j1.037907 & -j0.90470 & -j0.988482 & -j0.861619 \\ -0.005290 & 0.007410 & -0.009530 & 0.007057 & -0.009076 \\ -j0.983725 & -j0.918658 & -j0.988482 & -j0.859912 & -j0.941412 \\ -0.006535 & -0.009530 & 0.025596 & -0.009076 & 0.024377 \\ -j0.970940 & -j0.988482 & -j0.861619 & -j0.941412 & -j0.790589 \end{bmatrix}$$

3. 根据节点导纳矩阵求逆获得节点阻抗矩阵的流程图

由本章第三节“节点导纳矩阵形成的流程”中求得网络的节点导纳矩阵后，根据式（2－34）三角分解求得下三角矩阵 $\boldsymbol{L}$ 和对角矩阵 $\boldsymbol{D}$ 后，再采用连续回代法求得节点阻抗矩阵各元素，程序流程图如图 2－9 所示。

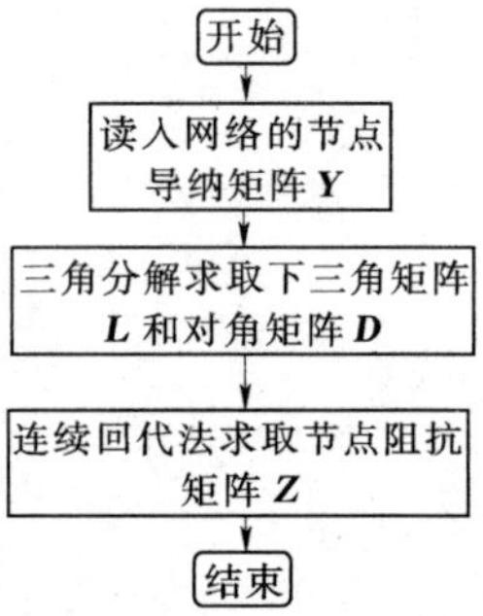

图 2－9　节点导纳矩阵求逆求取节点阻抗矩阵流程图

三、支路追加法形成节点阻抗矩阵

以上讨论了根据节点导纳矩阵求逆获得节点阻抗矩阵的方法，下面介绍用支路追加法直接形成节点阻抗矩阵。支路追加法在计算上比较直观，同时也容易实现网络接线变更时对节点阻抗矩阵的修正，曾得到广泛应用。

以下用图 2－10 所示的电力网络为例，说明支路追加法形成节点阻抗矩阵的过程。

在用支路追加法形成电力网络的节点阻抗矩阵时，需先由一个接地支路开始，图 2－10 中，可以先用 z_{10} 形成一阶矩阵，然后追加支路 z_{12}，这样在网络里就增加了节点②。这种在追加支路时出现新节点的情况，称为追加“树支”。网络在追加树支时，其相应的节点阻抗矩阵的阶数应加 1。因而追加树支 z_{12} 后，变为 2 阶矩阵。

追加支路 z_{20}，这时并不出现新节点，只是给网络增加了一个环路，这种情况称为追加“链支”，网络在追加“链支”时，矩阵的阶不变，但其中元素的数值却发生变化。

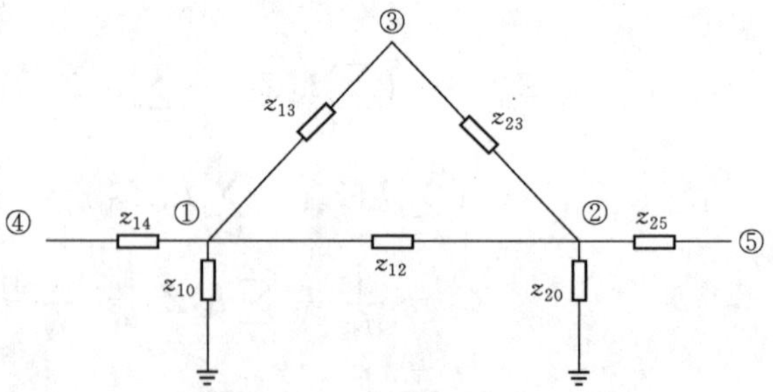

图 2－10　支路追加法步骤

这样继续下去：

追加树支 z_{13}，增加节点③，阻抗矩阵变为三阶。

追加树支 z_{14}，增加节点④，阻抗矩阵变为四阶。

追加树支 z_{25}，增加节点⑤，阻抗矩阵变为五阶。

追加树支 z_{23}，不增加节点，阻抗矩阵仍为五阶。

这样，追加完电力网络全部支路以后，就最终形成了节点阻抗矩阵。

应该指出，以上支路追加的顺序并不是唯一的。如果把以上支路追加的顺序称为第一方案，那么也可以按以下次序追加支路：

树支 z_{10}→树支 z_{20}→链支 z_{12}→树支 z_{13}→链支 z_{14}→树支 z_{25}

我们暂且把它称为第二方案，类似还可有第三、第四方案等。只要网络的节点编号不改变，最终形成的节点阻抗矩阵完全一样，与支路追加的次序无关。但是，支路追加的顺序对形成节点阻抗矩阵的运算量有很大的影响。下面分别讨论追加树支和追加链支时对节点阻抗矩阵的影响。

1. 追加树支

如图 2-11 所示，原网络有 m 个独立节点，已知其节点阻抗矩阵 $\boldsymbol{Z}$ 为 m 阶。若从原网络的节点 i 接入一条阻抗为 z_{ij} 的树支，该网络将出现新增节点 j。因此接入新增支路 z_{ij} 后的网络节点阻抗矩阵 $\boldsymbol{Z}'$ 将比 $\boldsymbol{Z}$ 增加一阶。

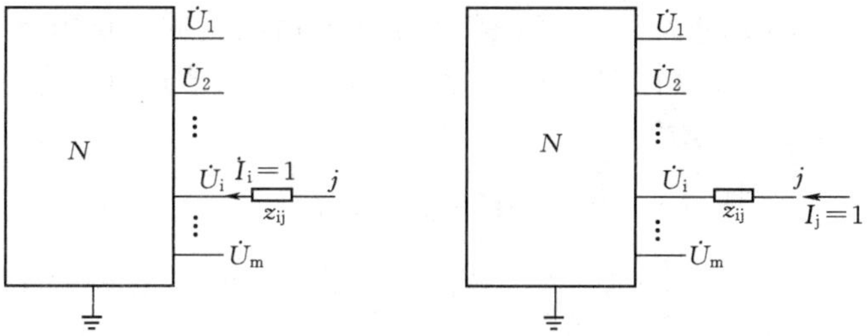

(a)原网络节点 i 注入单位电流源　　(b)新增节点 j 注入单位电流源

图 2-11　追加树支

$$\boldsymbol{Z}'=\begin{bmatrix}\boldsymbol{Z} & Z_{kj}\\ Z_{jk} & Z_{jj}\end{bmatrix}\quad (k=1,2,\cdots,m;j=m+1) \tag{2-45}$$

因为节点 i 与节点 j 处于开路状态，因此其接入不影响原网络中节点电压和支路电流的分布，即 $\boldsymbol{Z}'$ 中与旧节点相对应的子网络的节点阻抗子矩阵仍旧为 $\boldsymbol{Z}$。

由图 2-11 可知，仅在节点 j 注入单位电流源与仅在节点 i 注入单位电流源，原网络各节点的电压相同，因此，根据节点阻抗矩阵元素的物理意义可知，新增的第 j 列元素与原阻抗矩阵 $\boldsymbol{Z}$ 的第 i 列元素相等，即

$$Z_{kj}=Z_{jk}^{T}=Z_{ki}\quad (k=1,2,\cdots,n) \tag{2-46}$$

新增节点 j 的自阻抗为

$$Z_{jj}=Z_{ii}+z_{ij} \tag{2-47}$$

因此

$$\boldsymbol{Z}'=\begin{bmatrix}\boldsymbol{Z} & \boldsymbol{Z}_{ki}\\ \boldsymbol{Z}_{ik} & Z_{ii}+z_{ij}\end{bmatrix}\quad (k=1,2,\cdots,m;j=m+1) \tag{2-48}$$

若向原网络接入的是接地树支 z_{0j}，根据节点阻抗矩阵元素的物理意义可得新的节点

阻抗矩阵为

$$\boldsymbol{Z}'=\begin{bmatrix}\boldsymbol{Z} & \boldsymbol{0}\\ \boldsymbol{0} & z_{0j}\end{bmatrix} \tag{2-49}$$

2. 追加链支

设原网络有 m 个独立节点，其节点阻抗矩阵为 $\boldsymbol{Z}$。若在该网络节点 i、j 之间接入阻抗为 z_{ij} 的链支，因为并未增加新的节点，网络的阶数不变。现在要研究的问题是在追加链支 z_{ij} 后如何由 $\boldsymbol{Z}$ 求 $\boldsymbol{Z}'$ 中的各个元素。

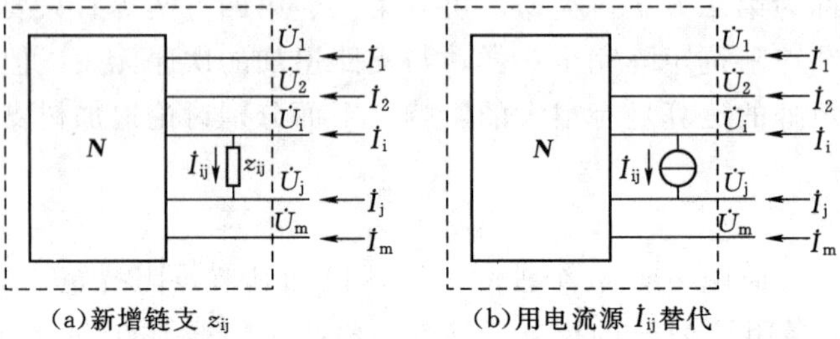

图 2-12　追加链支

假设原网络的节点阻抗矩阵为 $\boldsymbol{Z}$，追加链支 z_{ij} 后网络的节点阻抗矩阵为 $\boldsymbol{Z}'$，图 2-12（a）得节点电压方程 $\boldsymbol{U}=\boldsymbol{Z}'\boldsymbol{I}$；图 2-12（b）所示网络的节点电压方程 $\boldsymbol{U}=\boldsymbol{Z}\boldsymbol{I}'$，由电路中的替代定理可得 $\boldsymbol{U}=\boldsymbol{Z}'\boldsymbol{I}=\boldsymbol{Z}\boldsymbol{I}'$。

$$\boldsymbol{I}'=\boldsymbol{I}-\boldsymbol{A}_{\mathrm{M}}\dot{I}_{ij}$$

其中

$$\boldsymbol{A}_{\mathrm{M}}=\begin{bmatrix}0\\ \vdots\\ 1\\ \vdots\\ -1\\ \vdots\\ 0\end{bmatrix}\begin{matrix}\\ \\ \leftarrow i\text{ 行}\\ \\ \leftarrow j\text{ 行}\\ \\ \\ \end{matrix} \tag{2-50}$$

$$\boldsymbol{U}=\boldsymbol{Z}\boldsymbol{I}'=\boldsymbol{Z}(\boldsymbol{I}-\boldsymbol{A}_{\mathrm{M}}\dot{I}_{ij})=\boldsymbol{Z}\boldsymbol{I}-\begin{bmatrix}Z_{1i}-Z_{1j}\\ Z_{2i}-Z_{2j}\\ \vdots\\ Z_{ii}-Z_{ij}\\ \vdots\\ Z_{ji}-Z_{jj}\\ \vdots\\ Z_{ni}-Z_{nj}\end{bmatrix}\dot{I}_{ij}=\boldsymbol{Z}\boldsymbol{I}-\boldsymbol{Z}_{\mathrm{L}}I_{ij} \tag{2-51}$$

其中

$$\boldsymbol{Z}_{\mathrm{L}}=\begin{bmatrix}Z_{1i}-Z_{1j}\\Z_{2i}-Z_{2j}\\\vdots\\Z_{ii}-Z_{ij}\\\vdots\\Z_{ji}-Z_{jj}\\\vdots\\Z_{ni}-Z_{nj}\end{bmatrix}$$

节点 i、j 之间的电压差为

$$z_{ij}\dot{I}_{ij}=\dot{U}_i-\dot{U}_j=\boldsymbol{A}_{\mathrm{M}}^{\mathrm{T}}\boldsymbol{U}=\boldsymbol{A}_{\mathrm{M}}^{\mathrm{T}}\boldsymbol{ZI}-\boldsymbol{A}_{\mathrm{M}}^{\mathrm{T}}\boldsymbol{Z}_{\mathrm{L}}\dot{I}_{ij} \tag{2-52}$$

由式（2-52）可得

$$\dot{I}_{ij}=\frac{\boldsymbol{A}_{\mathrm{M}}^{\mathrm{T}}\boldsymbol{Z}}{\boldsymbol{A}_{\mathrm{M}}^{\mathrm{T}}\boldsymbol{Z}_{\mathrm{L}}+z_{ij}}\boldsymbol{I}=\frac{\boldsymbol{Z}_{\mathrm{L}}^{\mathrm{T}}}{Z_{\mathrm{LL}}}\boldsymbol{I} \tag{2-53}$$

其中

$$Z_{\mathrm{LL}}=\boldsymbol{A}_{\mathrm{M}}^{\mathrm{T}}\boldsymbol{Z}_{\mathrm{L}}+z_{ij}=Z_{ii}+Z_{jj}-2Z_{ij}+z_{ij} \tag{2-54}$$

将式（2-53）代入式（2-51）可得

$$\boldsymbol{U}=\boldsymbol{ZI}-\boldsymbol{Z}_{\mathrm{L}}\dot{\boldsymbol{I}}_{ij}=\left(\boldsymbol{Z}-\boldsymbol{Z}_{\mathrm{L}}\frac{\boldsymbol{Z}_{\mathrm{L}}^{\mathrm{T}}}{Z_{\mathrm{LL}}}\right)\boldsymbol{I}=\boldsymbol{Z}'\boldsymbol{I} \tag{2-55}$$

$$\boldsymbol{Z}'=\boldsymbol{Z}-\frac{\boldsymbol{Z}_{\mathrm{L}}\boldsymbol{Z}_{\mathrm{L}}^{\mathrm{T}}}{Z_{\mathrm{LL}}} \tag{2-56}$$

向原网络节点 i、j 之间接入一条阻抗为 z_{ij} 的链支时，新的节点阻抗矩阵 $\boldsymbol{Z}'$ 中的任意元素为

$$Z'_{kl}=Z_{kl}-\frac{Z_{\mathrm{L}k}Z_{\mathrm{L}l}}{Z_{\mathrm{LL}}}=Z_{kl}-\frac{(Z_{ki}-Z_{kj})(Z_{li}-Z_{lj})}{Z_{ii}+Z_{jj}-2Z_{ij}+z_{ij}}\quad(k=1,2,\cdots;l=1,2,\cdots) \tag{2-57}$$

若追加的是接地链支 z_{0i}，则

$$Z'_{kl}=Z_{kl}-\frac{Z_{ki}Z_{li}}{Z_{ii}+z_{0i}}(k=1,2,\cdots;l=1,2,\cdots) \tag{2-58}$$

如前所述，在追加树支时运算量很小，但追加链支时必须按式（2-57）或式（2-58）修正原来网络阻抗矩阵的全部元素，运算量很大。因此，为了减少追加链支过程的运算量，必须合理地安排支路追加的顺序，尽可能在矩阵阶数较小（即节点较少）的情况下追加链支。

以上讨论了追加树支和链支的一般情况。当用上述方法求节点阻抗矩阵时，对于变压器支路，可以采取图 2-2 所示的 π 型等值电路，然后逐条追加这三条支路。这样每个变压器都相当于增加了两条支路，而且在一般情况下，增加的这两条支路又都是链支，因而显著地增加了运算量。

3. 追加变压器支路

首先讨论变压器是树支的情况。在图 2-13（a）所示网络中变压器的阻抗放在标准变比侧，即图 2-2（a）所示的模拟电路。当漏抗放在非标准变比侧时，可以用同样的方法推导出相应的计算公式。

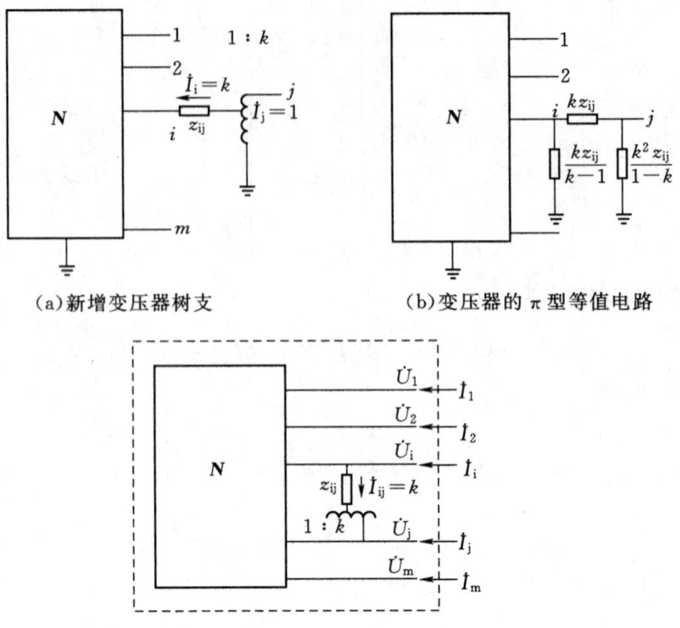

(a)新增变压器树支　　(b)变压器的 π 型等值电路

(c)新增变压器链支

图 2-13　追加变压器支路

如图 2-13（b）所示，该变压器用它的等值电路来代替。节点 j 开路时，从节点 i 看变压器的 π 型等值电路也是开路的，因为

$$kz_{ij}+\frac{k^2}{1-k}z_{ij}=\frac{k}{1-k}z_{ij} \tag{2-59}$$

节点 i 和地之间的阻抗为$\frac{k}{k-1}z_{ij}$，这两个支路阻抗的并联阻抗为无穷大。因此，在追加变压器支路以后，当从原网络各节点注入单位电流时，电流在原网络中的分布不会发生变化，因此追加变压器数值后，$\boldsymbol{Z}'$中与旧节点相对应的子网络的节点阻抗子矩阵仍旧为 $\boldsymbol{Z}$。

在节点 j 注入单位电流源而让其余节点开路。如图 2-13（a）所示，这时相当于从节点 i 侧向原网络通入电流 k，因此各节点的电压应为

$$\dot{U}_1=kZ_{1i},\dot{U}_2=kZ_{2i},\cdots,\dot{U}_i=kZ_{ii},\cdots,\dot{U}_m=kZ_{mi} \tag{2-60}$$

节点 j 的电压为

$$\dot{U}_j=k(\dot{U}_i+kz_{ij})=k^2(Z_{ii}+z_{ij}) \tag{2-61}$$

这样就可以得到

$$Z_{1j}=kZ_{1i},Z_{2j}=kZ_{2i},\cdots,Z_{2j}=kZ_{ii},\cdots,Z_{mj}=kZ_{mi} \tag{2-62}$$

$$Z_{jj}=k^2(Z_{ii}+z_{ij}) \tag{2-63}$$

如图 2-13（c）所示，追加变压器链支时，设在追加变压器支路以后网络注入电流列向量为 $\boldsymbol{I}'$，则注入原网络的电流列向量为

$$\boldsymbol{I}'=\boldsymbol{I}-\begin{bmatrix}\dot{I}_1\\ \dot{I}_2\\ \vdots\\ \dot{I}_i-k\dot{I}_{ij}\\ \vdots\\ \dot{I}_j+\dot{I}_{ij}\\ \vdots\\ \dot{I}_n\end{bmatrix}\dot{I}_{ij}=I-\boldsymbol{A}'_M\dot{I}_{ij} \tag{2-64}$$

此时，$\boldsymbol{Z}_L=\boldsymbol{Z}\boldsymbol{A}'_M$，即

$$\boldsymbol{Z}_L=\begin{bmatrix}kZ_{1i}-Z_{1j}\\ kZ_{2i}-Z_{2j}\\ \vdots\\ kZ_{ii}-Z_{ij}\\ \vdots\\ kZ_{ji}-Z_{jj}\\ \vdots\\ kZ_{mi}-Z_{mj}\end{bmatrix} \tag{2-65}$$

式（2－51）改写为

$$k\dot{U}_i-\dot{U}_j=k^2z_{ij}\dot{I}_{ij}=A'^{T}_{M}\boldsymbol{U} \tag{2-66}$$

因而

$$Z_{LL}=kZ_{Li}-Z_{Lj}+k^2z_{ij}=k(Z_{ii}-Z_{ij})-(Z_{ij}-Z_{jj})+k^2z_{ij} \tag{2-67}$$

当按式（2－65）、式（2－67）求得 $\boldsymbol{Z}_L$、Z_{LL}后，即可根据式（2－56）修正原网络阻抗矩阵的全部元素。

$$\boldsymbol{Z}'=\boldsymbol{Z}-\frac{\boldsymbol{Z}_L\boldsymbol{Z}_L^T}{\boldsymbol{Z}_{LL}} \tag{2-68}$$

【例 2－3】 用支路追加法形成［例 2－1］图 2－6 中电力网络的节点阻抗矩阵。

解： 为了计算方便，先把［例 2－1］图中线路两端的对地电容都集中到相应节点上，并用对地容抗的形式表示，即得到图 2－14 所示的等值电路。

按图中的节点编号，可先排列出追加支路的顺序表，见表 2－1。

表 2－1　　**追加支路的顺序表**

追加支路的顺序号	支路两端的节点号		阻　抗　值
	i	j	
(1)	0	1	－j4
(2)	0	2	－j2
(3)	1	2	0.04＋j0.25

续表

追加支路的顺序号	支路两端的节点号		阻抗值
	i	j	
(4)	0	3	−j4
(5)	1	3	0.1+j0.35
(6)	2	3	0.08+j0.30
(7)	2	4	j0.015
(8)	3	5	j0.03

然后把支路追加的顺序号标志在网络接线图上，如图 2－14 所示。

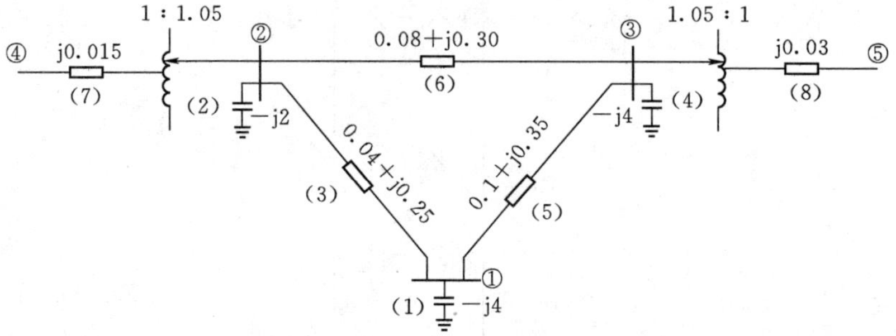

图 2－14　［例 2－3］网络图

节点阻抗矩阵的形成过程如下：

(1) 首先取接地支路 z_{01} 形成一阶阻抗矩阵。z_{01} 的阻抗值为−j4，于是

$$\boldsymbol{Z}=[-\mathrm{j}4]$$

(2) 追加支路 (2)。z_{02} 为一树支，$i=0$，$j=2$。根据追加树支的原则，在这种情况下应形成二阶矩阵，新增加的元素为

$$Z_{12}=Z_{21}=Z_{10},Z_{22}=Z_{00}+z_{02}$$

由阻抗矩阵各元素的物理意义不难推断

$$Z_{10}=Z_{00}=0$$

因而
$$Z_{12}=Z_{21}=0,Z_{22}=z_{02}=-\mathrm{j}2$$

于是形成

$$\boldsymbol{Z}=\begin{bmatrix}-\mathrm{j}4 & \\ & -\mathrm{j}2\end{bmatrix}$$

(3) 追加支路 (3)。z_{12} 为一链支，则

$$Z_{L1}=Z_{11}-Z_{12}=-\mathrm{j}4$$

$$Z_{L2}=Z_{12}-Z_{22}=\mathrm{j}2$$

$$Z_{LL}=Z_{L1}-Z_{L2}+z_{12}=-\mathrm{j}4-\mathrm{j}2+0.04+\mathrm{j}0.25=0.04-\mathrm{j}5.75$$

以下可按式 (2－56) 修正二阶矩阵的全部元素，即

$$Z'_{11}=Z_{11}-\frac{Z_{L1}Z_{L1}}{Z_{LL}}=-j4-\frac{(-j4)^2}{0.04-j5.75}=0.019356-j1.217526$$

$$Z'_{12}=Z'_{21}=Z_{12}-\frac{Z_{L2}Z_{L1}}{Z_{LL}}=0-\frac{j2\times(-j4)}{0.04-j5.75}=-0.096782-j1.391237$$

$$Z'_{22}=Z_{22}-\frac{Z_{L2}Z_{L2}}{Z_{LL}}=-j2-\frac{(j2)^2}{0.04-j5.75}=0.004839-j1.304381$$

于是得到支路（1）、（2）、（3）所组成网路的阻抗矩阵为

$$\boldsymbol{Z}=\begin{bmatrix}0.019356-j1.217526 & -0.096782-j1.391237\\ -0.096782-j1.391237 & 0.004839-j1.304381\end{bmatrix}$$

（4）追加支路（4）。z_{03} 为接地树支，得到如下的三阶矩阵

$$\boldsymbol{Z}=\begin{bmatrix}0.019356-j1.217526 & -0.096782-j1.391237 & 0\\ -0.096782-j1.391237 & 0.004839-j1.304381 & 0\\ 0 & 0 & -j4\end{bmatrix}$$

（5）追加支路（5）和支路（6）。z_{13} 和 z_{23} 均为链支，因此矩阵阶数不变，计算步骤与（3）相同。追加这两个链支以后，得到如下的三阶矩阵

$$\boldsymbol{Z}=\begin{bmatrix}0.017972-j0.914690 & -0.005555-j1.032911 & -0.006862-j1.019487\\ -0.005555-j1.032911 & 0.007781-j0.964591 & -0.010007-j1.037907\\ -0.006862-j1.019487 & -0.010007-j1.037907 & 0.026875-j0.904700\end{bmatrix}$$

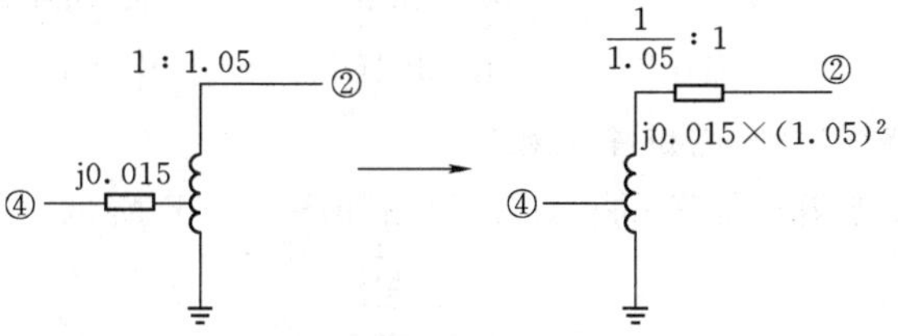

图 2-15　变压器支路

（6）追加支路（7）。z_{24} 为变压器支路的树支，$i=2$，$j=4$。由于该变压器的非标准变比在 i 侧，因此，在计算以前应将变压器支路 z_{24} 转变为图 2-13（c）所示的形式，如图 2-15 所示。

可以根据式（2-59）和式（2-60）来计算第四行和第四列的元素，即

$$Z_{41}=Z_{14}=k'Z_{21}=\frac{1}{1.05}(-0.005555-j1.032911)=-0.005290-j0.983725$$

$$Z_{42}=Z_{24}=k'Z_{22}=\frac{1}{1.05}(0.007781-j0.964591)=0.007410-j0.918658$$

$$Z_{43}=Z_{34}=k'Z_{23}=\frac{1}{1.05}(0.010007-j1.037907)=-0.009530-j0.988482$$

$$Z_{44}=k^2(Z_{22}+z'_{24})=\frac{1}{1.05^2}(0.007781-j0.964591)+j0.015=0.007057-j0.859912$$

这样，就得到了 4 阶矩阵，即

$$
\boldsymbol{Z}=\begin{bmatrix}
0.017972-j0.914690 & -0.005555-j1.032911 & -0.006862-j1.019487 & -0.005290-j0.983725 \\
-0.005555-j1.032911 & 0.007781-j0.964591 & -0.010007-j1.037907 & 0.007410-j0.918658 \\
-0.006862-j1.019487 & -0.010007-j1.037907 & 0.026875-j0.904700 & -0.009530-j0.988482 \\
-0.005290-j0.983725 & 0.007410-j0.918658 & -0.009530-j0.988482 & 0.007057-j0.859912
\end{bmatrix}
$$

（7）追加支路（8）。z_{35} 也是变压器树支，$i=3$，$j=5$，非标准变比亦在 i 侧，因此计算步骤和（6）相同。最后得到阻抗矩阵为

$$
\boldsymbol{Z}=\begin{bmatrix}
0.017972-j0.914690 & -0.005555-j1.032911 & -0.006862-j1.019487 & -0.005290-j0.983725 & -0.006535-j0.970940 \\
-0.005555-j1.032911 & 0.007781-j0.964591 & -0.010007-j1.037907 & 0.007410-j0.918658 & -0.009530-j0.988482 \\
-0.006862-j1.019487 & -0.010007-j1.037907 & 0.026875-j0.90470 & -0.009530-j0.988482 & 0.025596-j0.861619 \\
-0.005290-j0.983725 & 0.007410-j0.918658 & -0.009530-j0.988482 & 0.007057-j0.859912 & -0.009076-j0.941412 \\
-0.006535-j0.970940 & -0.009530-j0.988482 & 0.025596-j0.861619 & -0.009076-j0.941412 & 0.024377-j0.790589
\end{bmatrix}
$$

4. *支路追加法形成节点阻抗矩阵流程图*

支路追加法形成节点阻抗矩阵的程序流程图如图 2-16 所示。

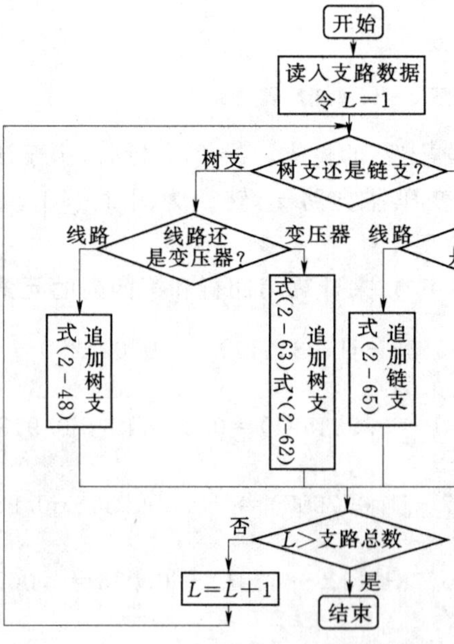

图 2-16　支路追加法流程图

根据支路数据，从支路 $L=1$ 开始追加，首先判断是树支还是链支，进一步判断是变压器支路还是线路支路，根据判断结果根据对应的追加方法追加支路。每追加完一条支路，判断支路数 L 是否超过网路的总支路数，没有超过则追加下一条支路，超过则结束。

第三章 电力系统潮流计算

电力系统潮流计算是研究电力系统稳态运行最为常用的计算。潮流计算的方法主要有牛顿—拉夫逊算法、P—Q 分解法。牛顿—拉夫逊算法由于其良好的收敛特性在国内外得到了普遍的应用。

第一节 节点功率方程

电力系统潮流计算可以归结为由系统各节点给定的复功率求解各节点电压向量的问题。因此，如果能把复功率表示为各节点电压向量的方程式，那么就可以利用求解非线性方程式的牛顿—拉夫逊法解出系统各节点的电压向量。所以在这一节里，首先推导节点功率方程。

设电力系统节点导纳矩阵 $\boldsymbol{Y}$ 已知，其节点电压方程为

$$\boldsymbol{I}=\boldsymbol{YU} \tag{3-1}$$

其中，第 i 个节点电压方程为

$$\dot{I}_{i}=\sum_{j\in i}Y_{ij}\dot{U}_{j}\quad(i=1,2,\cdots,n) \tag{3-2}$$

式中，$j\in i$，表示Σ号后的节点 j 都必须直接与 i 节点相连，并包括 $j=i$ 的情况。式（3-2）型的方程式共有 n 个。

节点 i 的注入电流与节点复功率有以下关系

$$\widetilde{S}_{i}=\dot{U}_{i}\hat{I}_{i}\quad(i=1,2,\cdots,n) \tag{3-3}$$

其中，$\hat{}$表示共轭，利用式（3-3）可得

$$P_{i}+jQ_{i}=\dot{U}_{i}\sum_{j\in i}\hat{Y}_{ij}\hat{U}_{j}\quad(i=1,2,\cdots,n) \tag{3-4}$$

式（3-4）即为节点功率方程。节点电压向量可以表示为极坐标形式，也可以表示为直角坐标形式，与此对应，潮流计算中节点功率方程式也有两种形式。将导纳矩阵中的元素 Y_{ij}表示为

$$Y_{ij}=G_{ij}+jB_{ij} \tag{3-5}$$

如果把节点电压向量表示为极坐标的形式，即

$$\dot{U}_{i}=U_{i}e^{j\theta_{i}} \tag{3-6}$$

式中：U_{i}、θ_{i} 分别为节点 i 电压向量的幅值和角度。

则式（3-4）可以写为

$$P_i + jQ_i = U_i e^{j\theta_i} \sum_{j \in i} (G_{ij} - jB_{ij}) U_j e^{-j\theta_j} \quad (i = 1,2,\cdots,n) \tag{3-7}$$

按式（3－7）将实部和虚部展开，得到

$$\begin{cases} P_i = U_i \sum\limits_{j \in i} U_j (G_{ij}\cos\theta_{ij} + B_{ij}\sin\theta_{ij}) \\ Q_i = U_i \sum\limits_{j \in i} U_j (G_{ij}\sin\theta - B_{ij}\cos\theta_{ij}) \end{cases} \quad (i = 1,2,\cdots,n) \tag{3-8}$$

这就是节点功率方程的极坐标形式。

如将各节点的电压向量表示为直角坐标的形式，即

$$\dot{U}_i = e_i + jf_i \tag{3-9}$$

其中，$e_i = U_i\cos\theta_i$，$f_i = U_i\sin\theta_i$，则由式（3－7）可得

$$\begin{cases} P_i = e_i \sum\limits_{j \in i} (G_{ij}e_j - B_{ij}f_j) + f_i \sum\limits_{j \in i} (G_{ij}f_j + B_{ij}e_j) \\ Q_i = f_i \sum\limits_{j \in i} (G_{ij}e_j - B_{ij}f_j) - e_i \sum\limits_{j \in i} (G_{ij}f_j + B_{ij}e_j) \end{cases} \quad (i = 1,2,\cdots,n) \tag{3-10}$$

这就是功率方程的直角坐标形式。

式（3－8）和式（3－10）都是非线性方程组，在潮流问题中，往往把它们写成以下的形式

$$\begin{cases} \Delta P_i = P_{is} - U_i \sum\limits_{j \in i} U_j (G_{ij}\cos\theta_{ij} + B_{ij}\sin\theta_{ij}) = 0 \\ \Delta Q_i = Q_{is} - U_i \sum\limits_{j \in i} U_j (G_{ij}\sin\theta_{ij} - B_{ij}\cos\theta_{ij}) = 0 \end{cases} \quad (i = 1,2,\cdots,n) \tag{3-11}$$

或

$$\begin{cases} \Delta P_i = P_{is} - e_i \sum\limits_{j \in i} (G_{ij}e_j - B_{ij}f_j) - f_i \sum\limits_{j \in i} (G_{ij}f_j + B_{ij}e_j) = 0 \\ \Delta Q_i = Q_{is} - f_i \sum\limits_{j \in i} (G_{ij}e_j - B_{ij}f_j) + e_i \sum\limits_{j \in i} (G_{ij}f_j + B_{ij}e_j) = 0 \end{cases} \quad (i = 1,2,\cdots,n) \tag{3-12}$$

式（3－11）和式（3－12）中，P_{is}、Q_{is}为节点 i 给定的有功功率及无功功率。由这两个公式，可以把电力系统潮流问题归结为：对于给定的 P_{is}、$Q_{is}(i=1, 2, \cdots, n)$，寻求这样一组电压向量 U_i、θ_i 或 e_i、$f_i(i=1, 2, \cdots, n)$，使得按式（3－11）和式（3－12）计算得到的功率误差 ΔP_i、$\Delta Q_i(i=1, 2, \cdots, n)$ 在容许范围以内。

第二节 牛顿—拉夫逊法

本章第一节推导的两种类型的节点功率方程式在牛顿—拉夫逊法潮流程序中都有应用，它们在迭代步骤上没有差别，但其修正方程式各有特点。

一、修正方程式

当采用极坐标的数学模型［式（3－11）］时，待求量是各节点电压的幅值 U_i 和角度 $\theta_i(i=1, 2, \cdots, n)$。对 PV 节点来说，该节点电压幅值 U_i 是给定的，不再作为变量，同时，该节点不能预先给定无功功率 Q_{is}，这样，方程式 ΔQ_i 也就失去了约束作用。因此，

在迭代过程中应该取消与 PV 节点有关的无功功率方程式。只有当迭代结束后，即各节点电压向量求得以后，才利用这些方程式来求各 PV 节点应维持的无功功率。同样道理，由于平衡节点电压幅值及角度都是给定量，因此，与平衡节点有关的方程式也不参与迭代过程。迭代结束后，利用平衡节点的方程式来确定平衡节点的有功功率及无功功率。

设系统节点总数为 n，PV 节点共 r 个，则潮流计算要解的有功方程式为

$$\begin{cases}\Delta P_1 = P_{1s} - U_1 \sum\limits_{j\in 1} U_j (G_{1j}\cos\theta_{1j} + B_{1j}\sin\theta_{1j}) = 0 \\ \Delta P_2 = P_{2s} - U_2 \sum\limits_{j\in 2} U_j (G_{2j}\cos\theta_{2j} + B_{2j}\sin\theta_{2j}) = 0 \\ \vdots \\ \Delta P_{n-1} = P_{n-1,s} - U_{n-1} \sum\limits_{j\in n-1} U_j (G_{n-1,j}\cos\theta_{n-1,j} + B_{n-1,j}\sin\theta_{n-1,j}) = 0 \end{cases} \tag{3-13}$$

此方程组共包括 $n-1$ 个方程式。

无功功率方程式为

$$\begin{cases}\Delta Q_i = Q_{1s} - U_1 \sum\limits_{j\in 1} U_j (G_{1j}\sin\theta_{1j} - B_{1j}\cos\theta_{1j}) = 0 \\ \Delta Q_2 = Q_{2s} - U_2 \sum\limits_{j\in 2} U_j (G_{2j}\sin\theta_{2j} - B_{2j}\cos\theta_{2j}) = 0 \\ \vdots \\ \Delta Q_{n-r-1} = Q_{n-r-1,s} - U_{n-r-1} \sum\limits_{j\in n-r-1} U_j (G_{n-r-1,j}\sin\theta_{n-r-1,j} - B_{n-r-1,j}\cos\theta_{n-r-1,j}) = 0 \end{cases} \tag{3-14}$$

此式中共包含 $n-r-1$ 个方程。待求量为各节点的电压幅值 U_i 和角度 θ_i，其中：θ_i 共有 $n-1$ 个，由于 U_i 中不包括 PV 节点的电压幅值，所以共有 $n-r-1$ 个。这样，未知量共有 $2n-r-2$ 个，可由以上 $2n-r-2$ 个方程式求出。

将式（3-13）和式（3-14）按泰勒级数展开，略去高次项后，即可得到修正方程式为

$$\begin{bmatrix}\Delta P_1 \\ \Delta P_2 \\ \vdots \\ \Delta P_{n-1} \\ \\ \Delta Q_1 \\ \Delta Q_2 \\ \vdots \\ \Delta Q_{n-r-1}\end{bmatrix} = \begin{bmatrix} H_{11} & H_{12} & \cdots & H_{1,n-1} & N_{11} & N_{12} & \cdots & N_{1,n-1} \\ H_{21} & H_{22} & \cdots & H_{2,n-1} & N_{21} & N_{22} & \cdots & N_{2,n-1} \\ \vdots & \vdots & \ddots & \vdots & \vdots & \vdots & \ddots & \vdots \\ H_{n-1,1} & H_{n-1,2} & \cdots & H_{n-1,n-1} & N_{n-1,1} & N_{n-1,2} & \cdots & N_{n-1,n-1} \\ \\ J_{11} & J_{12} & \cdots & J_{1,n-1} & L_{11} & L_{12} & \cdots & L_{1,n-1} \\ J_{21} & J_{22} & \cdots & J_{2,n-1} & L_{21} & L_{22} & \cdots & L_{2,n-1} \\ \vdots & \vdots & \ddots & \vdots & \vdots & \vdots & \ddots & \vdots \\ J_{n-r-1,1} & J_{n-r-1,2} & \cdots & J_{n-r-1,n-1} & L_{n-r-1,1} & L_{n-r-1,2} & \cdots & L_{n-r-1,n-1} \end{bmatrix} \begin{bmatrix}\Delta\theta_1 \\ \Delta\theta_2 \\ \vdots \\ \Delta\theta_{n-1} \\ \\ \Delta U_1/U_1 \\ \Delta U_2/U_2 \\ \vdots \\ \Delta U_{n-r-1}/U_{n-r-1}\end{bmatrix} \tag{3-15}$$

雅可比矩阵中各元素的表达式如下

$$H_{ij}=\frac{\partial \Delta P_i}{\partial \theta_j}=-U_iU_j(G_{ij}\sin\theta_{ij}-B_{ij}\cos\theta_{ij})\quad (j\neq i) \tag{3-16}$$

$$H_{ii}=\frac{\partial \Delta P_i}{\partial \theta_i}=-U_i\sum_{\substack{j\in i\\ j\neq i}}U_j(G_{ij}\sin\theta_{ij}-B_{ij}\cos\theta_{ij}) \tag{3-17}$$

或

$$H_{ii}=U_i^2B_{ii}+Q_i \tag{3-18}$$

$$N_{ij}=\frac{\partial \Delta P_i}{\partial U_j}U_j=-U_iU_j(G_{ij}\cos\theta_{ij}+B_{ij}\sin\theta_{ij})\quad (j\neq i) \tag{3-19}$$

$$N_{ii}=\frac{\partial \Delta P_i}{\partial U_i}U_i=-U_i\sum_{\substack{j\in i\\ j\neq i}}U_j(G_{ij}\cos\theta_{ij}+B_{ij}\sin\theta_{ij})-2U_i^2G_{ii}=-U_i^2G_{ii}-P_i \tag{3-20}$$

$$J_{ij}=\frac{\partial \Delta Q_i}{\partial \theta_j}=U_iU_j(G_{ij}\cos\theta_{ij}+B_{ij}\sin\theta_{ij})\quad (j\neq i) \tag{3-21}$$

$$J_{ii}=\frac{\partial \Delta Q_i}{\partial \theta_i}=-U_i\sum_{\substack{j\in i\\ j\neq i}}U_j(G_{ij}\cos\theta_{ij}+B_{ij}\sin\theta_{ij})=U_i^2G_{ii}-P_i \tag{3-22}$$

$$L_{ij}=\frac{\partial \Delta Q_i}{\partial U_j}U_j=-U_iU_j(G_{ij}\sin\theta_{ij}-B_{ij}\cos\theta_{ij})\quad (j\neq i) \tag{3-23}$$

$$\begin{aligned}L_{ii}&=\frac{\partial \Delta Q_i}{\partial U_i}U_i=-U_i\sum_{\substack{j\in i\\ j\neq i}}U_j(G_{ij}\sin\theta_{ij}-B_{ij}\cos\theta_{ij})+2U_i^2B_{ii}\\&=U_i^2B_{ii}-Q_i\end{aligned} \tag{3-24}$$

修正方程式（3-15）可以写成更为简单的形式，即

$$\begin{bmatrix}\Delta \boldsymbol{P}\\ \Delta \boldsymbol{Q}\end{bmatrix}=\begin{bmatrix}\boldsymbol{H} & \boldsymbol{N}\\ \boldsymbol{J} & \boldsymbol{L}\end{bmatrix}\begin{bmatrix}\Delta \boldsymbol{\theta}\\ \dfrac{\Delta \boldsymbol{U}}{\boldsymbol{U}}\end{bmatrix} \tag{3-25}$$

对照式（3-15）不难看出式中各符号的意义。

当采用直角坐标系时，潮流问题的待求量为各节点电压的实部和虚部 e_1、f_1，e_2、f_2，…，e_n、f_n。由于平衡节点电压向量是给定的，因此待求量共 $2(n-1)$ 个，需要 $2(n-1)$ 个方程式。

事实上，除平衡节点的功率方程式在迭代过程中没有约束作用以外，其余每个节点都可列出两个方程式。对 PQ 节点来说，P_{is}、Q_{is}是给定的，因而可以写出

$$\begin{cases}\Delta P_i=P_{is}-e_i\sum\limits_{j\in i}(G_{ij}e_j-B_{ij}f_j)-f_i\sum\limits_{j\in i}(G_{ij}f_j+B_{ij}e_j)=0\\ \Delta Q_i=Q_{is}-f_i\sum\limits_{j\in i}(G_{ij}e_j-B_{ij}f_j)+e_i\sum\limits_{j\in i}(G_{ij}f_j+B_{ij}e_j)=0\end{cases} \tag{3-26}$$

对 PV 节点来说，给定量 P_{is}、U_{is}，因此可以列出

$$\begin{cases}\Delta P_i=P_{is}-e_i\sum\limits_{j\in i}(G_{ij}e_j-B_{ij}f_j)-f_i\sum\limits_{j\in i}(G_{ij}f_j+B_{ij}e_j)=0\\ \Delta U_i^2=U_{is}^2-(e_i^2+f_i^2)=0\end{cases} \tag{3-27}$$

式（3-26）和式（3-27）共包括 $2(n-1)$ 个方程式。将它们按泰勒级数展开，略去高次项后，即可得到修正方程式，写成矩阵的形式如下

$$\begin{bmatrix}\Delta P_1\\ \Delta Q_1\\ \Delta P_2\\ \Delta Q_2\\ \vdots\\ \Delta P_i\\ \Delta U_i^2\\ \vdots\end{bmatrix}=\begin{bmatrix}\frac{\partial\Delta P_1}{\partial e_1} & \frac{\partial\Delta P_1}{\partial f_1} & \frac{\partial\Delta P_1}{\partial e_2} & \frac{\partial\Delta P_1}{\partial f_2} & \cdots & \frac{\partial\Delta P_1}{\partial e_i} & \frac{\partial\Delta P_1}{\partial f_i} & \cdots\\ \frac{\partial\Delta Q_1}{\partial e_1} & \frac{\partial\Delta Q_1}{\partial f_1} & \frac{\partial\Delta Q_1}{\partial e_2} & \frac{\partial\Delta Q_1}{\partial f_2} & \cdots & \frac{\partial\Delta Q_1}{\partial e_i} & \frac{\partial\Delta Q_1}{\partial f_i} & \cdots\\ \frac{\partial\Delta P_2}{\partial e_1} & \frac{\partial\Delta P_2}{\partial f_1} & \frac{\partial\Delta P_2}{\partial e_2} & \frac{\partial\Delta P_2}{\partial f_2} & \cdots & \frac{\partial\Delta P_2}{\partial e_i} & \frac{\partial\Delta P_2}{\partial f_i} & \cdots\\ \frac{\partial\Delta Q_2}{\partial e_1} & \frac{\partial\Delta Q_2}{\partial f_1} & \frac{\partial\Delta Q_2}{\partial e_2} & \frac{\partial\Delta Q_2}{\partial f_2} & \cdots & \frac{\partial\Delta Q_2}{\partial e_i} & \frac{\partial\Delta Q_2}{\partial f_i} & \cdots\\ \vdots & \vdots & \vdots & \vdots & \ddots & \vdots & \vdots & \ddots\\ \frac{\partial\Delta P_i}{\partial e_1} & \frac{\partial\Delta P_i}{\partial\Delta f_1} & \frac{\partial\Delta P_i}{\partial e_2} & \frac{\partial\Delta P_i}{\partial f_2} & \cdots & \frac{\partial\Delta P_i}{\partial e_i} & \frac{\partial\Delta P_i}{\partial f_i} & \cdots\\ 0 & \vdots & \vdots & \vdots & 0 & \frac{\partial\Delta U_i^2}{\partial e_i} & \frac{\partial\Delta U_i^2}{\partial f_i} & 0\\ \vdots & \vdots & \vdots & \vdots & \vdots & \vdots & \vdots & \cdots\end{bmatrix}\begin{bmatrix}\Delta e_1\\ \Delta f_1\\ \Delta e_2\\ \Delta f_2\\ \vdots\\ \Delta e_i\\ \Delta f_i\\ \vdots\end{bmatrix} \tag{3-28}$$

式（3-28）中雅可比矩阵中各元素的表达式如下：

当 $j\neq i$ 时

$$\begin{cases}\frac{\partial\Delta P_i}{\partial e_j}=-\frac{\partial\Delta Q_i}{\partial f_j}=-(G_{ij}e_i+B_{ij}f_i)\\ \frac{\partial\Delta P_i}{\partial f_j}=\frac{\partial\Delta Q_i}{\partial e_j}=B_{ij}e_i-G_{ij}f_i\\ \frac{\partial\Delta U_i^2}{\partial e_j}=\frac{\partial\Delta U_i^2}{\partial f_j}=0\end{cases} \tag{3-29}$$

当 $j=i$ 时

$$\begin{cases}\frac{\partial\Delta P_i}{\partial e_i}=-\sum_{j\in i}(G_{ij}e_j-B_{ij}f_j)-G_{ii}e_i-B_{ii}f_i\\ \frac{\partial\Delta P_i}{\partial f_i}=-\sum_{j\in i}(G_{ii}f_j+B_{ij}e_j)+B_{ii}e_i-G_{ii}f_i\end{cases} \tag{3-30}$$

$$\begin{cases}\frac{\partial\Delta Q_i}{\partial e_i}=\sum_{j\in i}(G_{ij}f_j+B_{ij}e_j)+B_{ii}e_i-G_{ii}f_i\\ \frac{\partial\Delta Q_i}{\partial f_i}=-\sum_{f\in i}(G_{ij}e_j-B_{ij}f_j)+G_{ii}e_i+B_{ii}f_i\end{cases} \tag{3-31}$$

$$\begin{cases}\frac{\partial\Delta U_i^2}{\partial e_i}=-2e_i\\ \frac{\partial\Delta U_i^2}{\partial f_i}=-2f_i\end{cases} \tag{3-32}$$

上面得到了两种坐标系统的修正方程式。从这两种修正方程式可以看出，它们有以下的共同特点：

（1）修正方程式（3-28）是 $2(n-1)$ 阶的，方程式（3-15）的阶数为 $2(n-1)-r$。由于系统中 PV 节点数 r 一般较少，所以也是接近 $2(n-1)$ 阶的方程组。

（2）两种修正方程式的系数矩阵——雅可比矩阵中各元素都是节点电压向量的函数，

因此在迭代过程中，它们将随着各节点电压向量的变化而变化。

（3）由雅可比矩阵各元素的表达式可以看出，两种坐标系统修正方程式的系数矩阵都是不对称的，例如很容易验证：$\frac{\partial \Delta P_i}{\partial \theta_j} \neq \frac{\partial \Delta P_j}{\partial \theta_i}$，$\frac{\partial \Delta Q_i}{\partial U_j} \neq \frac{\partial \Delta Q_j}{\partial U_i}$，以及$\frac{\partial \Delta P_i}{\partial e_j} \neq \frac{\partial \Delta P_j}{\partial e_i}$，$\frac{\partial \Delta Q_i}{\partial f_j} \neq \frac{\partial Q_j}{\partial f_i}$等。

（4）由两种坐标系统的雅可比矩阵非对角元素的表示式可以看出，它们只与节点导纳矩阵的相应元素有关，因此，当导纳矩阵中元素 Y_{ij} 为零时，修正方程式系数矩阵中相应元素也为零，即修正方程式系数矩阵具有相似的结构，因此修正方程式系数矩阵也是非常稀疏的矩阵。

以上这些特点构成了牛顿—拉夫逊法潮流计算最重要的特色。

两种坐标系统的修正方程式，给牛顿—拉夫逊法潮流程序也带来一些差异。当采用极坐标表示式时，程序中对 PV 节点处理比较方便，而且计算经验表明，它的收敛性也略高一些。当采用直角坐标时，在迭代过程中避免了三角函数的运算，因而每次迭代速度略快一些。一般说来，这些差异并不十分显著。在牛顿—拉夫逊法潮流程序中，两种坐标系统都有应用。

二、牛顿—拉夫逊法求解过程

牛顿—拉夫逊法潮流求解过程大致分为以下几个步骤：

（1）形成节点导纳矩阵。

（2）设各节点电压初值 $e_i^{(0)}$、$f_i^{(0)}$ 或者 $U_i^{(0)}$，$\theta_i^{(0)}$。

（3）将各节点电压初值代入式（3-26）和式（3-27），求修正方程式的不平衡量 $\Delta P_i^{(0)}$、$\Delta Q_i^{(0)}$ 以及 $(\Delta U_i^2)^{(0)}$。

（4）将各节点电压初值代入式（3-28）或式（3-15）中，求雅可比矩阵各元素。

（5）根据修正方程式（3-28）或式（3-15），求修正量 $\Delta e_i^{(0)}$、$\Delta f_i^{(0)}$ 或者 $\Delta U_i^{(0)}$、$\Delta \delta_i^{(0)}$。

（6）计算各节点电压新值

$$\begin{cases} e_i^{(1)} = e_i^{(0)} - \Delta e_i^{(0)} \\ f_i^{(1)} = f_i^{(0)} - \Delta f_i^{(0)} \end{cases} \tag{3-33}$$

或者

$$\begin{cases} U_i^{(1)} = U_i^{(0)} - \Delta U_i^{(0)} \\ \theta_i^{(1)} = \theta_i^{(0)} - \Delta \theta_i^{(0)} \end{cases} \tag{3-34}$$

（7）利用各节点电压的新值自第三步进入下一轮迭代。

（8）检验是否收敛。

（9）如收敛，计算平衡节点的功率和线路的功率。

其中，平衡节点的功率为

$$\widetilde{S}_s = \dot{V}_s \sum_{j \in s} \hat{Y}_{sj} \hat{U}_j \tag{3-35}$$

线路功率为

$$\widetilde{S}_{ij} = \dot{U}_i \hat{I}_{ij} = \dot{U}_i [\hat{U}_i \hat{y}_{i0} + (\hat{U}_i - \hat{U}_j) \hat{y}_{ij}] \tag{3-36}$$

$$\widetilde{S}_{ji} = \dot{U}_j \hat{I}_{ji} = \dot{U}_j [\hat{U}_j \hat{y}_{j0} + (\hat{U}_j - \hat{U}_i) \hat{y}_{ji}] \tag{3-37}$$

线路上的损耗为

$$\Delta\widetilde{S}_{ij}=\widetilde{S}_{ij}+\widetilde{S}_{ji} \tag{3-38}$$

牛顿—拉夫逊法的收敛性比较好，在一般潮流计算中通常迭代 6～7 次就能收敛到非常精确的解，而且迭代次数与电力系统规模关系不大。从理论上讲，牛顿—拉夫逊法具有平方收敛的特性，但它对初始值要求比较高。当初始值选择得不恰当时，可能出现不收敛，或者收敛到实际电力系统无法运行的解。这种情况下是牛顿—拉夫逊法本身引起的。如前所述，牛顿—拉夫逊法的实质是把非线性方程的求解转化为反复求解修正方程式的过程，这种“逐次线性化”是建立在 Δe、Δf 或 ΔU、$\Delta\theta$ 非常小，因而其高次项可以忽略不计的假定之上。当初值和真正解相差较大时，高次项就不能忽略，从而牛顿—拉夫逊法就失去了基础。

一般情况下，当电力系统正常运行，各节点运行在额定电压附近，各节点电压相角差又不大时，采用“平均电压初值”，即

$$e_i^{(0)}=1(\text{标幺值})f_i^{(0)}=0\ (i=1,2,\cdots,n)$$

或者

$$U_i^{(0)}=1(\text{标幺值})\theta_i^{(0)}=0\ (i=1,2,\cdots,n)$$

牛顿—拉夫逊法就能给出比较满意的结果。当系统无功功率比较紧张，电压质量较差或当系统运行在接近静稳态极限，各节点电压相角差较大时，牛顿－拉夫逊法就可能不收敛或收敛到一个不合理的解上。为了解决这个问题，可在程序中先利用对初始值不太敏感的逐次代入法迭代一次，以其迭代结果作为初始值，然后转入牛顿—拉夫逊法迭代过程，这样就可以得到较好的效果。

三、牛顿—拉夫逊法潮流程序框图

直角坐标形式的牛顿—拉夫逊法潮流程序的流程如图 3－1 所示。

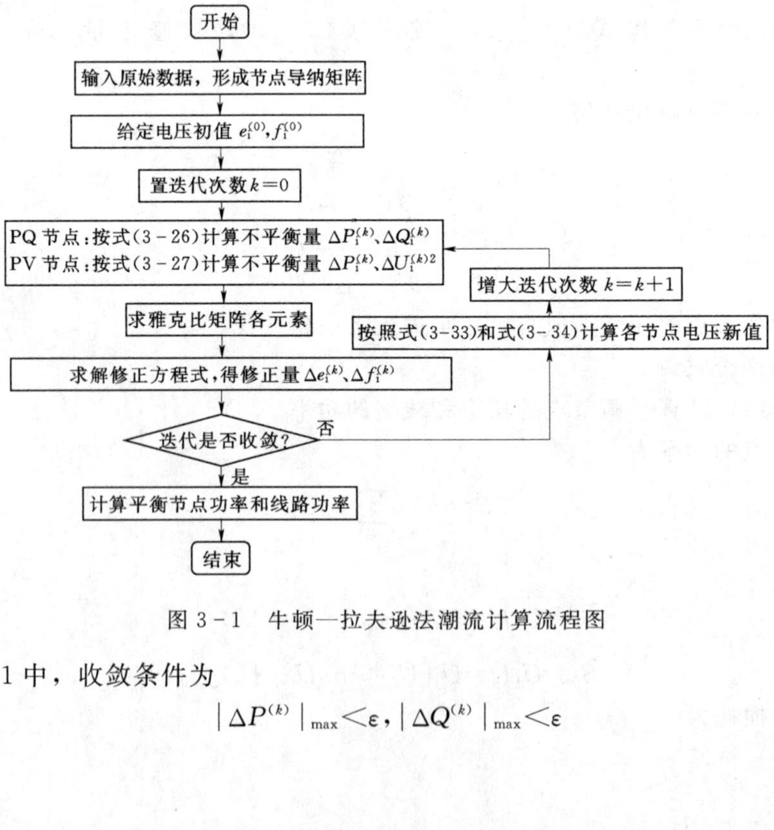

图 3－1　牛顿—拉夫逊法潮流计算流程图

在图 3－1 中，收敛条件为

$$|\Delta P^{(k)}|_{\max}<\varepsilon,|\Delta Q^{(k)}|_{\max}<\varepsilon \tag{3-39}$$

式中，$|\Delta P^{(k)}|_{max}$、$|\Delta Q^{(k)}|_{max}$表示向量 $\Delta P^{(k)}$、$\Delta Q^{(k)}$ 中最大分量的绝对值。用它可以直接控制最终结果的功率误差。当采用标么值进行计算时，可以取 $\varepsilon=10^{-4}$或 10^{-3}，如果以 100MVA 作为基值，这就相当于有名值 0.01MVA 或 0.1MVA，这对实际电力系统计算来说已经相当精确。

也可采用电压控制的收敛条件，即

$$|\Delta e^{(k)}|_{max}<\varepsilon,|\Delta f^{(k)}|_{max}<\varepsilon \tag{3-40}$$

式中，$|\Delta e^{(k)}|_{max}$、$|\Delta f^{(k)}|_{max}$表示向量 $\Delta e^{(k)}$、$\Delta f^{(k)}$ 中最大分量的绝对值，用它可以直接控制最终结果的电压误差。

由图 3-1 可知，在利用牛顿—拉夫逊法计算系统潮流时，每次迭代都要重新形成雅可比矩阵并且对它进行求逆运算，因此，每迭代一次要求的运算量相当大，降低了牛顿—拉夫逊法潮流程序的计算速度。由前面雅可比矩阵元素的表达式可知，在迭代过程中特别是趋于收敛时，由于电压变化而引起雅可比矩阵元素的变化不会很大，因此为了提高牛顿—拉夫逊法潮流程序的计算速度，可以在形成雅可比矩阵后，用同一雅可比矩阵连续进行几次迭代。

【例 3-1】 利用牛顿—拉夫逊法求图 3-2 所示的潮流分布。

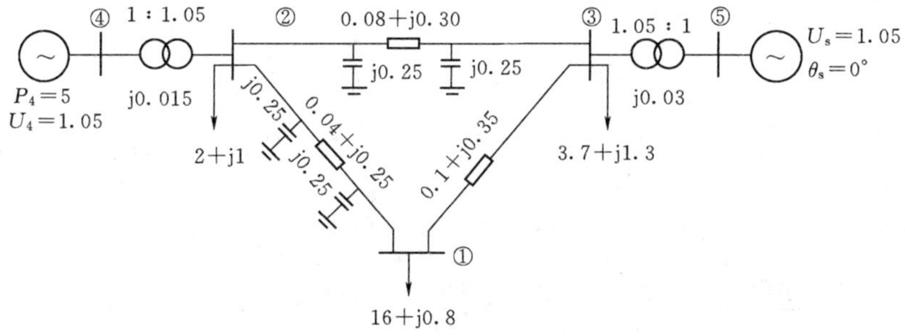

图 3-2　系统接线图

解：图 3-2 中，节点⑤为平衡节点，节点④为 PV 节点，其余为 PQ 节点。

设各节点电压初值为

$$e_1^{(0)}=e_2^{(0)}=e_3^{(0)}=1.0;e_4^{(0)}=e_5^{(0)}=1.05$$

$$f_1^{(0)}=f_2^{(0)}=f_3^{(0)}=f_4^{(0)}=f_5^{(0)}=0$$

由［例 2-1］可得节点导纳矩阵为：

$$\boldsymbol{Y}=\begin{bmatrix}
\begin{matrix}1.378742\\-j6.291665\end{matrix} & \begin{matrix}-0.624024\\+j3.900156\end{matrix} & \begin{matrix}-0.754717\\+j2.641509\end{matrix} & 0 & 0\\
\begin{matrix}-0.624024\\+j3.900156\end{matrix} & \begin{matrix}1.453909\\-j66.98082\end{matrix} & \begin{matrix}-0.829876\\+j3.112033\end{matrix} & \begin{matrix}0.000000\\+j63.49206\end{matrix} & 0\\
\begin{matrix}-0.754717\\+j2.641509\end{matrix} & \begin{matrix}-0.829876\\+j3.112033\end{matrix} & \begin{matrix}1.584596\\-j35.73786\end{matrix} & 0 & \begin{matrix}0.000000\\+j31.74603\end{matrix}\\
0 & \begin{matrix}0.000000\\+j63.49206\end{matrix} & 0 & \begin{matrix}0.00000\\-j66.66667\end{matrix} & 0\\
0 & 0 & \begin{matrix}0.000000\\+j31.74603\end{matrix} & 0 & \begin{matrix}0.000000\\-j33.33333\end{matrix}
\end{bmatrix}$$

计算 PQ 节点的有功功率、无功功率以及 PV 节点的有功功率、电压的不平衡量，即

$$\Delta P_1 = P_{1s} - e_1[(G_{11}e_1 - B_{11}f_1) + (G_{12}e_2 - B_{12}f_2) + (G_{13}e_3 - B_{13}f_3)] - f_1[(G_{11}f_1 + B_{11}e_1) + (G_{12}f_2 + B_{12}e_2) + (G_{13}f_3 + B_{13}e_3)]$$

$$\Delta Q_1 = Q_{1s} - f_1[(G_{11}e_1 - B_{11}f_1) + (G_{12}e_2 - B_{12}f_2) + (G_{13}e_3 - B_{13}f_3)] + e_1[(G_{11}f_1 + B_{11}e_1) + (G_{12}f_2 + B_{12}e_2) + (G_{13}f_3 + B_{13}e_3)]$$

$$\vdots$$

$$\Delta P_4 = P_{4s} - e_4[(G_{42}e_2 - B_{42}f_2) + (G_{44}e_4 - B_{44}f_4)] - f_4[(G_{42}f_2 + B_{42}e_2) + (G_{44}f_4 + B_{44}e_4)]$$

$$\Delta U_4^2 = U_{4s}^2 - (e_4^2 + f_4^2)$$

计算雅可比矩阵各元素为

$$\frac{\partial P_1}{\partial e_1} = -[(G_{11}e_1 - B_{11}f_1) + (G_{12}e_2 - B_{12}f_2) + (G_{13}e_3 - B_{13}f_3)] - G_{11}e_1 - B_{11}f_1$$

$$\frac{\partial P_1}{\partial f_1} = -[(G_{11}f_1 + B_{11}e_1) + (G_{12}f_2 + B_{12}e_2) + (G_{13}f_3 + B_{13}e_3)] - B_{11}e_1 - G_{11}f_1$$

$$\frac{\partial P_1}{\partial e_2} = -(G_{12}e_1 + B_{12}f_1), \quad \frac{\partial P_1}{\partial f_2} = B_{12}e_1 - G_{12}f_1$$

$$\frac{\partial P_1}{\partial e_3} = -(G_{13}e_1 + B_{13}f_1), \quad \frac{\partial P_1}{\partial f_3} = B_{13}e_1 - G_{13}f_1$$

$$\frac{\partial \Delta Q_1}{\partial e_1} = [(G_{11}f_1 + B_{11}e_1) + (G_{12}f_2 + B_{12}e_2) + (G_{13}f_3 + B_{13}e_3)] + B_{11}e_1 - G_{11}f_1$$

$$\frac{\partial \Delta Q_1}{\partial f_1} = -[(G_{11}e_1 - B_{11}f_1) + (G_{12}e_2 - B_{12}f_2) + (G_{13}e_3 - B_{13}f_3)] + G_{11}e_1 + B_{11}f_1$$

$$\frac{\partial \Delta Q_1}{\partial e_2} = \frac{\partial \Delta P_1}{\partial f_2}, \frac{\partial \Delta Q_1}{\partial f_2} = -\frac{\partial \Delta P_1}{\partial e_2}, \frac{\partial \Delta Q_1}{\partial e_3} = \frac{\partial \Delta P_1}{\partial f_3}, \frac{\partial \Delta Q_1}{\partial f_3} = -\frac{\partial \Delta P_1}{\partial e_3}$$

$$\vdots$$

$$\frac{\partial \Delta P_4}{\partial e_4} = -[(G_{41}e_2 - B_{42}f_2) + (G_{44}e_4 - B_{44}f_4)] - G_{44}e_4 - B_{44}f_4$$

$$\frac{\partial \Delta Q_4}{\partial f_4} = -[(G_{41}f_2 + B_{42}e_2) + (G_{44}f_4 + B_{44}e_4)] + B_{44}e_4 - G_{44}f_4$$

$$\frac{\partial \Delta U_4^2}{\partial e_4} = -2e_4, \frac{\partial \Delta U_4^2}{\partial f_4} = -2f_4$$

$$\vdots$$

据此，可得第一次修正方程式为

$$\begin{bmatrix}
-1.37874 & -6.54166 & 0.62402 & 3.90015 & 0.75471 & 2.64150 & 0 & 0 \\
-6.04166 & 1.37874 & 3.90015 & -0.62402 & 2.64150 & -0.75471 & 0 & 0 \\
0.62402 & 3.90015 & -1.45390 & -73.67881 & 0.82987 & 3.11203 & 0.00000 & 63.49206 \\
3.90015 & -0.62402 & -60.28283 & 1.45390 & 3.11203 & -0.82987 & 63.49206 & 0.00000 \\
-0.75471 & 2.64150 & 0.82987 & 3.11203 & -1.58459 & -39.08688 & 0 & 0 \\
2.64150 & -0.75471 & 3.11203 & -0.82987 & -32.38884 & 1.58459 & 0 & 0 \\
0 & 0 & 0.00000 & 66.66666 & 0 & 0 & 0.00000 & -63.49206 \\
0 & 0 & 0.00000 & 0.00000 & 0 & 0 & -2.10000 & 0.00000
\end{bmatrix}$$

$$\begin{bmatrix}\Delta e_1\\ \Delta f_1\\ \Delta e_2\\ \Delta f_2\\ \Delta e_3\\ \Delta f_3\\ \Delta e_4\\ \Delta f_4\end{bmatrix}=\begin{bmatrix}-1.60000\\ -0.55000\\ -2.00000\\ 5.69799\\ -3.70000\\ 2.04901\\ 5.00000\\ 0.00000\end{bmatrix}$$

从雅可比矩阵可以看出，各行最大元素都不在对角元的位置上。必须指出，出现这种情况的原因在于各行的最大元素实际是$\dfrac{\partial P_i}{\partial f_i}$和$\dfrac{\partial Q_i}{\partial e_i}$，主要因为高压电力系统中，有功功率主要和电压的横分量有关，而无功功率主要和电压的纵分量有关。

为了减少计算中的舍入误差，应把最大元素排在对角元位置，为此可把各节点的 ΔQ 方程式和 ΔP 的方程式对调，即

$$\begin{bmatrix}-6.04166 & 1.37874 & 3.90015 & -0.62402 & 2.64150 & -0.75471 & 0 & 0\\ -1.37874 & -6.54166 & 0.62402 & 3.90015 & 0.75471 & 2.64150 & 0 & 0\\ 3.90015 & -0.62402 & -60.28283 & 1.45390 & 3.11203 & -0.82987 & 63.49206 & 0.00000\\ 0.62402 & 3.90015 & -1.45390 & -73.67881 & 0.82987 & 3.11203 & 0.00000 & 63.49206\\ 2.64150 & -0.75471 & 3.11203 & -0.82987 & -32.38884 & 1.58459 & 0 & 0\\ -0.75471 & 2.64150 & 0.82987 & 3.11203 & -1.58459 & -39.08688 & 0 & 0\\ 0 & 0 & 0.00000 & 0.00000 & 0 & 0 & -2.10000 & 0.00000\\ 0 & 0 & 0.00000 & 66.66666 & 0 & 0 & 0.00000 & -63.49206\end{bmatrix}$$

$$\begin{bmatrix}\Delta e_1\\ \Delta f_1\\ \Delta e_2\\ \Delta f_2\\ \Delta e_3\\ \Delta f_3\\ \Delta e_4\\ \Delta f_4\end{bmatrix}=\begin{bmatrix}-0.55000\\ -1.60000\\ 5.69799\\ -2.00000\\ 2.04901\\ -3.70000\\ 0.00000\\ 5.00000\end{bmatrix}$$

这样各行的最大元素都占据了对角元的位置。将雅可比矩阵三角分解，通过前推回代可得各节点电压的修正量为

$$\begin{bmatrix}\Delta e_1\\ \Delta f_1\\ \Delta e_2\\ \Delta f_2\\ \Delta e_3\\ \Delta f_3\\ \Delta e_4\\ \Delta f_4\end{bmatrix}=\begin{bmatrix}0.03356\\ 0.03348\\ -0.10538\\ -0.36070\\ -0.05881\\ 0.06900\\ 0.00000\\ -0.45748\end{bmatrix}$$

修正各节点电压后，就可求出第一次迭代后各节点电压为

$$\begin{bmatrix}e_1\\ f_1\\ e_2\\ f_2\\ e_3\\ f_3\\ e_4\\ f_4\end{bmatrix}=\begin{bmatrix}0.96643\\ -0.03348\\ 1.10538\\ 0.36070\\ 1.05881\\ -0.06900\\ 1.05000\\ 0.45748\end{bmatrix}$$

按照以上步骤迭代下去，当收敛条件取为 $\varepsilon=10^{-6}$ 时，需 5 次迭代。迭代过程中各节点电压及功率误差的变化见表 3-1 和表 3-2。

表 3-1　　迭代过程中各节点电压的变化

迭代次数	e_1	f_1	e_2	f_2	e_3	f_3	e_4	f_4
1	0.99643	−0.33481	1.10538	0.36074	1.05881	−0.06900	1.05000	0.45748
2	0.87365	−0.07006	1.03350	0.32886	1.02564	−0.07694	0.97576	0.38919
3	0.85947	−0.07176	1.02608	0.33044	1.03355	−0.07737	0.97464	0.39061
4	0.85915	−0.07182	1.02600	0.33047	1.03351	−0.07738	0.97461	0.39067
5	0.85915	−0.07182	1.02600	0.33047	1.03351	−0.07738	0.97461	0.39067

表 3-2　　迭代过程中各节点功率误差的变化

迭代次数	ΔQ_1	ΔP_1	ΔQ_2	ΔP_2	ΔQ_3	ΔP_3	ΔP_4
1	−0.55000	−1.60000	5.69799	−2.00000	2.04901	−3.70000	5.00000
2	−0.07203	−0.03473	−6.00881	2.10426	−0.37144	0.04904	−2.39001
3	−0.02569	−0.06011	−0.41159	0.15764	−0.00924	0.00329	−0.16193
4	−0.00078	−0.00032	−0.00300	−0.00054	−0.00002	0.00000	0.00069
5	0.00000	0.00000	0.00000	0.00000	0.00000	0.00000	0.00000

各节点电压的计算结果见表 3－3。

表 3－3　各节点电压的最终计算结果

节点号	电压幅值	电压角度/度	节点号	电压幅值	电压角度/度
1	0.86215	−4.77851	4	1.05000	21.84332
2	1.07791	17.85353	5	1.05000	0.00000
3	1.03641	−4.28193	—	—	—

第三节 P—Q 分解法

一、P—Q 分解法的基本原理

P—Q 分解法潮流计算派生于以极坐标表示的牛顿—拉夫逊法，它的基本思想是：把节点功率表示为电压向量的极坐标方程式，以有功功率误差作为修正电压向量角度的依据，以无功功率误差作为修正电压幅值的依据，把有功功率和无功功率的迭代解耦。

如前所述，牛顿—拉夫逊法潮流程序的核心是求解修正方程式。当节点功率方程式采用极坐标时，修正方程式如式（3－25），将其展开为

$$\begin{cases}\Delta \boldsymbol{P}=\boldsymbol{H}\Delta\boldsymbol{\theta}+\boldsymbol{N}\dfrac{\Delta \boldsymbol{U}}{\boldsymbol{U}}\\ \Delta \boldsymbol{Q}=\boldsymbol{J}\Delta\boldsymbol{\theta}+\boldsymbol{L}\dfrac{\Delta \boldsymbol{U}}{\boldsymbol{U}}\end{cases} \tag{3-41}$$

对修正方程式的第一个简化是：在高压电力网络中，通常各元件的电抗远大于电阻，以至于电力系统有功功率主要与各节点电压向量的角度有关，无功功率则主要受各节点电压幅值的影响。大量运算经验也告诉我们，式（3－41）中矩阵 $\boldsymbol{N}$ 及 $\boldsymbol{J}$ 中各元素的数值相对较小，因此可将式（3－41）中的子阵 $\boldsymbol{N}$ 及 $\boldsymbol{J}$ 略去，而将修正方程式简化为

$$\begin{cases}\Delta \boldsymbol{P}=\boldsymbol{H}\Delta\boldsymbol{\theta}\\ \Delta \boldsymbol{Q}=\dfrac{\Delta \boldsymbol{U}}{\boldsymbol{L}\boldsymbol{U}}\end{cases} \tag{3-42}$$

这样，由于把 1 个 $n+m-2$ 阶的线性方程组变成了 1 个 $n-1$ 阶和 1 个 $m-1$ 阶的线性方程组，其计算量和内存方面都有改善。

对修正方程式的第二个简化，也是比较关键的一个简化，即把式（3－42）中的系数矩阵简化为在迭代过程中不变的对称矩阵。

众所周知，一般线路两端电压的相角差是不大的（通常不超过 10°～20°），因此可以认为

$$\begin{cases}\cos\theta_{ij}\approx 1\\ G_{ij}\sin\theta_{ij}\ll B_{ij}\end{cases} \tag{3-43}$$

这样式（3－16）和式（3－23）中的 H_{ij}、L_{ij} 可简化为

$$H_{ij}=U_iU_jB_{ij} \tag{3-44}$$

$$L_{ij}=U_iU_jB_{ij} \tag{3-45}$$

因为与系统各节点无功功率相应的导纳 B_{Li} 必定远小于该节点自导纳的虚部，有 $B_{Li}=Q_i/U_i^2 \ll B_{ii}$，即

$$Q_i \ll U_i^2 B_{ii} \tag{3-46}$$

因此式（3-18）和式（3-24）可简化为

$$H_{ii}=U_i^2 B_{ii} \tag{3-47}$$

$$L_{ii}=U_i^2 B_{ii} \tag{3-48}$$

这样，式（3-15）中的系数矩阵可以表示为

$$\boldsymbol{H}=\begin{bmatrix} U_1^2 B_{11} & U_1 U_2 B_{12} & \cdots & U_1 U_n B_{1,n-1} \\ U_2 U_1 B_{21} & U_2^2 B_{22} & \cdots & U_2 U_n B_{2,n-1} \\ \vdots & \vdots & \ddots & \vdots \\ U_{n-1} U_1 B_{n-1,1} & U_{n-1} U_2 B_{n-1,2} & \cdots & U_{n-1}^2 B_{n-1,n-1} \end{bmatrix} \tag{3-49}$$

进一步可以把它们表示为以下矩阵的乘积

$$\boldsymbol{H}=\boldsymbol{L}=\begin{bmatrix} U_1 & & & 0 \\ & U_2 & 0 & \\ & 0 & \ddots & \\ 0 & & & U_{n-1} \end{bmatrix}\begin{bmatrix} B_{11} & B_{12} & \cdots & B_{1,n-1} \\ B_{21} & B_{22} & \cdots & B_{2,n-1} \\ \vdots & \vdots & \ddots & \vdots \\ B_{n-1,1} & B_{n-1,2} & \cdots & B_{n-1,n-1} \end{bmatrix}\begin{bmatrix} U_1 & & & 0 \\ & U_2 & 0 & \\ & 0 & \ddots & \\ 0 & & & U_n \end{bmatrix} \tag{3-50}$$

将式（3-50）代入式（3-15），修正方程式变为

$$\begin{bmatrix} \Delta P_1/U_1 \\ \Delta P_2/U_2 \\ \vdots \\ \Delta P_{n-1}/U_{n-1} \end{bmatrix}=\begin{bmatrix} B_{11} & B_{12} & \cdots & B_{1n-1} \\ B_{21} & B_{22} & \cdots & B_{2n-1} \\ \vdots & \vdots & \ddots & \vdots \\ B_{n-1,1} & B_{n-1,2} & \cdots & B_{n-1,n-1} \end{bmatrix}\begin{bmatrix} U_1 \Delta\theta_1 \\ U_2 \Delta\theta_2 \\ \vdots \\ U_{n-1} \Delta\theta_n \end{bmatrix} \tag{3-51}$$

及

$$\begin{bmatrix} \Delta Q_1/U_1 \\ \Delta Q_2/U_2 \\ \vdots \\ \Delta Q_{m-1}/U_{m-1} \end{bmatrix}=\begin{bmatrix} B_{11} & B_{12} & \cdots & B_{1,m-1} \\ B_{21} & B_{22} & \cdots & B_{2,m-1} \\ \vdots & \vdots & \ddots & \vdots \\ B_{m-1,1} & B_{m-1,2} & \cdots & B_{m-1,m-1} \end{bmatrix}\begin{bmatrix} \Delta U_1 \\ \Delta U_2 \\ \vdots \\ \Delta U_{m-1} \end{bmatrix} \tag{3-52}$$

简写为

$$\begin{cases} \boldsymbol{\Delta P/U=B'U\Delta\theta} \\ \boldsymbol{\Delta Q/U=B''\Delta U} \end{cases} \tag{3-53}$$

二、P—Q 分解法的基本步骤

运用 P—Q 分解法计算潮流分布的步骤如下：

（1）形成系数矩阵 $\boldsymbol{B}'$、$\boldsymbol{B}''$，并求其逆阵。

（2）给定各节点电压初值 $\theta_i^{(0)}$ 和 $U_i^{(0)}$。

（3）根据式（3-11）或式（3-12）计算各节点有功功率不平衡量 $\Delta P_i^{(0)}$，并求出 $\Delta P_i^{(0)}/U_i^{(0)}$（$i=1, 2, \cdots, n, i\neq s$）。

（4）解修正方程式（3-51），计算各节点电压角度的修正量 $\Delta\theta_i^{(0)}$。

（5）修正各节点电压角度为

$$\theta_i^{(k)} = \theta_i^{(k-1)} - \Delta\theta_i^{(k-1)} \tag{3-54}$$

（6）根据式（3-11）计算各节点无功功率不平衡量 $\Delta Q_i^{(0)}$，并求出 $\Delta Q_i^{(0)}/U_i^{(0)}$（$i=1$，2，…，$m$，$i\neq s$）。

（7）解修正方程式（3-52），求出各节点电压幅值的修正量 $\Delta U_i^{(0)}$（$i=1$，2，…，m，$i\neq s$）。

（8）修正各节点电压幅值为

$$U_i^{(k)} = U_i^{(k-1)} - \Delta U_i^{(k-1)} \tag{3-55}$$

（9）返回（2）进行迭代，直到各节点功率误差 ΔP_i 及 ΔQ_i 都满足收敛条件。

（10）计算平衡节点功率和线路功率。

三、P—Q 分解法的特点

P—Q 分解法与牛顿—拉夫逊法潮流程序的主要差别表现在它们的修正方程式上。P—Q 分解法通过对电力系统具体特点的分析，对牛顿法修正方程式的雅可比矩阵进行了简化和改进，最后得到式（3-53）所示的修正方程式，这两组方程式和牛顿法修正方程式（3-15）相比，有以下三个特点：

（1）以一个 $n-1$ 阶和一个 $m-1$ 阶的系数矩阵 $\boldsymbol{B}'$、$\boldsymbol{B}''$代替原有的（$n+m-2$）阶的雅可比矩阵。

（2）迭代过程中系数矩阵 $\boldsymbol{B}'$、$\boldsymbol{B}''$不变。

（3）系数矩阵 $\boldsymbol{B}'$、$\boldsymbol{B}''$对称。

第一个特点在提高计算速度和减少内存方面的作用是很明显的。第二个特点使我们得到以下好处：首先，因为修正方程式的系数矩阵就是节点导纳矩阵的虚部，因此在迭代过程中不必象牛顿—拉夫逊法那样每步形成雅可比矩阵的计算，这样不仅减少了运算量，而且也大大简化了程序；其次，由于系数矩阵在迭代过程中维持不变，因此在求解修正方程式时，不必每次都对系数矩阵进行消去运算，只需要在进入迭代过程以前，将系数矩阵用三角分解形成因子表，然后反复利用因子表对不同的常数项 $\Delta P/U$ 或 $\Delta Q/U$ 进行消去和回代运算，就可以迅速求得修正量，从而显著提高了迭代速度。第三个特点可以减少形成因子表时的运算量，而且由于对称矩阵三角分解后，其上三角矩阵和下三角矩阵有非常简单的关系，所以在计算机中可以只储存上三角矩阵或下三角矩阵，从而进一步节约了内存。由于 P—Q 分解法大大提高了潮流计算的速度，所以不仅用于离线计算，而且也可用于电力系统在线静态安全监视。

P—Q 分解法所采取的一系列简化假定只影响了修正方程式的结构，也就是说只影响了迭代过程，但不影响最终结果。因为 P—Q 分解法和牛顿—拉夫逊法都采用同样的数学模型，最后计算功率误差和判断收敛条件都严格按照精确公式进行的，所以 P—Q 分解法和牛顿—拉夫逊法一样都可以达到很高的精确度。一般情况下，采用 P—Q 分解法计算时要求的迭代次数较采用牛顿—拉夫逊法时多，但每次迭代所需时间则较牛顿—拉夫逊法少，以致总的计算速度仍是采用 P—Q 分解法快。

还应指出，由于 P—Q 分解法修正方程式是建立在式（3-43）和式（3-46）假定的基础之上，当系统参数不符合这两个条件时，就会影响它的收敛性。在一般高压电力网中系统的参数都能很好地满足这些假定条件，在这种情况下，P—Q 分解法的收敛性至少不比牛顿法差。在低压配电网络中，当线路 r/x 比值很大时，就可能出现不收敛的情况。

四、P—Q 分解法的修正方程式

在 P—Q 分解法的基本原理中，只是从 P—Q 分解法的基本原理推导了它的修正方程式，表面看来，似乎式（3-51）和式（3-52）的系数矩阵是一样的，但在实际 P—Q 分解法程序中，两个修正方程式的系数矩阵并不相同。

$\boldsymbol{B}'$与$\boldsymbol{B}''$的差别有以下三点：

（1）$\boldsymbol{B}'$与$\boldsymbol{B}''$的阶数不同，$\boldsymbol{B}'$为 $n-1$ 阶，$\boldsymbol{B}''$为 $n-r-1$ 阶。

（2）当潮流程序要求考虑负荷静特性时，$\boldsymbol{B}''$中对角元素除节点导纳矩阵对角元素的虚部以外，还要附加反映负荷静特性的部分，而 $\boldsymbol{B}'$ 中各元素和潮流程序是否考虑与负荷静特性无关。

（3）为了改善 P—Q 分解法的收敛特性，$\boldsymbol{B}'$一般并不严格是电力系统导纳矩阵的虚部，而$\boldsymbol{B}''$则是由导纳矩阵的虚部构成。

为了加速收敛，使它们更有效地进行修正，可以考虑在 $\boldsymbol{B}'$ 中尽量去掉那些对有功功率及电压向量角度无关或影响较小的因素，在 $\boldsymbol{B}''$中尽量去掉那些对无功功率及电压幅值影响较小的因素。为此，可进行以下几种方案的比较：

方案 1：以电力系统导纳矩阵的虚部作为 $\boldsymbol{B}'$。

方案 2：输电线路充电电容对有功功率及电压角度的影响较小，在 $\boldsymbol{B}'$ 中除掉充电电容的影响。

方案 3：变压器非标准变比对有功功率及电压角度的影响不大，在 $\boldsymbol{B}'$ 中除了去掉充电电容外，还要去掉变压器非标准变比对节点导纳矩阵的影响。

几个算例的计算结果见表 3-4 和表 3-5。由表 3-4 和表 3-5 中的数据可以看出，方案 3 的收敛性最好，因此我国的 P—Q 分解法潮流程序大都按方案 3 编制。

表 3-4　　方案 1 和方案 2 的比较

系统节点数	迭代次数	
	方案 1	方案 2
53	19	11
82	14	11

表 3-5　　方案 2 和方案 3 的比较

系统节点数	迭代次数	
	方案 2	方案 3
41	12	8
42	11	10
49	10	8
144	27	14

但应特别指出，采用方案 3 时，修正方程式（3-51）应改为以下形式

$$\Delta \boldsymbol{P}/\boldsymbol{U}=\boldsymbol{B}'\boldsymbol{U}_0\Delta\boldsymbol{\theta} \tag{3-56}$$

式中，$\boldsymbol{U}_0$ 为平均电压。这实际上是减少在迭代过程中各节点计算电压对有功功率和电压角度的影响，否则可能引起振荡使迭代过程更长。采用方案 3 时，如修正式仍采用式（3－51），表 3－5 中 41 节点系统的迭代次数增加到 14 次，而 144 节点的系统则不收敛。

从原则上来讲，应该在 $\boldsymbol{B}''$中去掉那些对无功功率及电压幅值影响较小的因素，例如去掉输电线路电阻对 $\boldsymbol{B}''$的影响。但从 P—Q 分解法的计算经验来说，一般无功功率总比有功功率迭代收敛的快一些，因此整个潮流计算收敛的关键在于 $\boldsymbol{P}$—$\boldsymbol{\theta}$ 迭代。鉴于此，在程序中可以用节点导纳矩阵的虚部作为 $\boldsymbol{B}''$。

五、P—Q 分解法潮流程序流程图

P—Q 分解法潮流程序的流程如图 3－3 所示。

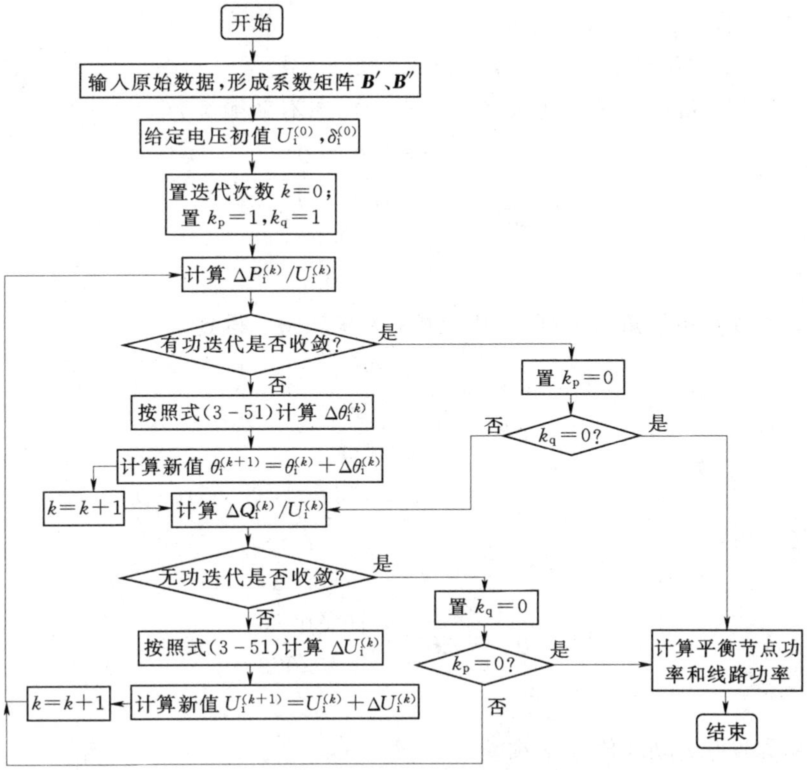

图 3－3 P—Q 分解法潮流计算流程图

【例 3－2】 利用 P—Q 分解法计算［例 3－1］所示系统的潮流分布。

解：(1) 形成系数矩阵 $\boldsymbol{B}'$及 $\boldsymbol{B}''$。由［例 3－1］得节点导纳矩阵 $\boldsymbol{Y}$；不计及接地支路时，矩阵 $\boldsymbol{B}'$为

$$\boldsymbol{B}'=\begin{bmatrix} -2.291665 & 3.900156 & 2.641509 & 0 \\ 3.900156 & -64.98082 & 3.112033 & 63.49206 \\ 2.641509 & 3.112033 & -31.73786 & 0 \\ 0 & 63.49206 & 0 & -66.66667 \end{bmatrix}$$

由于 PV 节点和 PQ 不参与无功功率的迭代，因此 $\boldsymbol{B}''$ 为 3 阶，即

$$\boldsymbol{B}''=\begin{bmatrix}-6.291665 & 3.900156 & 2.641509\\ 3.90015 & -66.98082 & 3.112033\\ 2.641509 & 3.112033 & -35.73786\end{bmatrix}$$

(2) 计算各节点有功功率不平衡量。

各节点电压初值为

$$U_1^{(0)}=U_2^{(0)}=U_3^{(0)}=1.00000;U_4^{(0)}=U_5^{(0)}=1.05000$$

$$\theta_1^{(0)}=\theta_2^{(0)}=\theta_3^{(0)}=\theta_4^{(0)}=\theta_5^{(0)}=0$$

各节点有功功率不平衡量为

$$\Delta P_1=P_{1s}-U_1[U_1G_{11}+U_2(G_{12}\cos\theta_{12}+B_{12}\sin\theta_{12})+U_3(G_{13}\cos\theta_{13}+B_{13}\sin\theta_{13})]$$

$$\Delta Q_1=Q_{1s}-U_1[-U_1B_{11}+U_2(G_{12}\sin\theta_{12}-B_{12}\cos\theta_{12})+U_3(G_{13}\sin\theta_{13}-B_{13}\cos\theta_{13})]$$

$$\vdots$$

$$\Delta P_4=P_{4s}-U_4[U_2(G_{24}\cos\theta_{42}+B_{24}\sin\theta_{42})+U_4G_{44}]$$

由上述计算式求得第一次迭代时各节点有功功率不平衡量为

$$\Delta\boldsymbol{P}^{(0)}=\begin{bmatrix}-1.60000\\ -2.00000\\ -3.70000\\ 5.00000\end{bmatrix}$$

(3) 计算各节点相位角（弧度）。由 $\Delta\boldsymbol{P}/\boldsymbol{U}=\boldsymbol{B}'\boldsymbol{U}\Delta\boldsymbol{\theta}$，得到

$$\Delta\boldsymbol{\theta}^{(0)}=\begin{bmatrix}0.09455\\ -0.30580\\ 0.07994\\ -0.38080\end{bmatrix}$$

第一次迭代后，有

$$\boldsymbol{\theta}^{(1)}=\boldsymbol{\theta}^{(0)}-\Delta\boldsymbol{\theta}^{(0)}=\begin{bmatrix}-0.09455\\ 0.30580\\ -0.07994\\ 0.38080\end{bmatrix}$$

(4) 计算各节点无功功率不平衡量。

$$\Delta\boldsymbol{Q}^{(0)}=\begin{bmatrix}-1.11284\\ 5.52890\\ -0.98758\end{bmatrix}$$

(5) 计算各节点电压幅值。由 $\Delta\boldsymbol{Q}/\boldsymbol{U}=\boldsymbol{B}''\Delta\boldsymbol{U}$，得到

$$\Delta\boldsymbol{U}^{(0)}=\begin{bmatrix}0.11274\\ -0.07774\\ -0.03795\end{bmatrix}$$

第一次迭代后各节点电压为

$$\boldsymbol{U}^{(1)}=\boldsymbol{U}^{(0)}-\Delta\boldsymbol{U}^{(0)}=\begin{bmatrix}0.88725\\1.07774\\1.03795\end{bmatrix}$$

按照上述步骤迭代下去，当收敛条件为 $\varepsilon=10^{-5}$时，迭代 9 次收敛。迭代过程中各节点电压的变化列于表 3-6 中。

表 3-6　　迭代过程中各节点电压的变化

迭代次数	θ_1 (rad)	U_1 (p.u.)	θ_2 (rad)	U_2 (p.u.)	θ_3 (rad)	U_3 (p.u.)	θ_4 (rad)
1	−0.09455	0.88725	0.30580	1.07774	−0.07994	1.03795	0.38080
2	−0.08255	0.86856	0.30815	1.07840	−0.07415	1.03726	0.37740
3	−0.08263	0.86400	0.31086	1.07805	−0.07454	1.03664	0.38049
4	−0.08325	0.86268	0.31133	1.07795	−0.07470	1.03647	0.38095
5	−0.08336	0.86228	0.31157	1.07792	−0.07472	1.03642	0.38121
6	−0.08340	0.86216	0.31164	1.07791	−0.07473	1.03641	0.38128
7	−0.08341	0.86213	0.31166	1.07791	−0.07473	1.03640	0.38130
8	−0.08341	0.86212	0.31167	1.07791	−0.07473	1.03640	0.38130
9	−0.08341	0.86211	0.31167	1.07791	−0.07473	1.03640	0.38131

第四章　电力系统短路电流计算

电力系统发生短路故障时，将流过较正常运行方式大得多的短路电流，使系统中各节点的电压降低，因此负荷的正常工作将受到影响。很大的短路电流对电气设备的各组成部分有极大的危害，当短路电流通过时产生的机械应力和热效应超过设备本身所具有的机械应力和热稳定时，将使设备受到损坏。

短路电流计算是电力系统最常用的计算之一。不论是选择、校验电气设备，还是继电保护的整定计算，都需要进行短路电流计算。短路故障可分为单相接地短路、两相短路、两相接地短路和三相短路 4 种类型。

不对称故障的分析一般采用对称分量法，即将三相网络分解为正序、负序和零序网络，应用叠加原理将各序的电压、电流分解为正常分量和故障分量；根据故障点的边界条件，形成正序增广网络，计算故障点的三序电压、电流故障分量，再与正常分量相加，求得三序电压、电流的实际值；由三序电压、电流计算三相电压和电流。

电力系统短路故障伴随着复杂的电磁和机电暂态过程，在整个故障期间，电力系统各部分的电流和电压是随时间变化的，其中不仅包括幅值随时间变化的工频周期分量，同时还有随时间衰减的非周期分量以及其他频率的周期分量。所以，完整的短路电流计算需要求解微分方程和代数方程组。本书中只计算短路或故障后 $t=0\text{s}$ 电流和电压的周期分量。

第一节　系统中任意节点三相对称短路故障的计算方法

一、故障口开路时的节点电压

如图 4－1（a）所示独立节点数为 n 的三相对称电力系统，节点 f 经故障支路阻抗 z_{f} 发生三相对称短路（等效于开关 K 闭合），其单相图如图 4－1（b）所示。故障支路两端节点 f、0（接地点）构成的端口称为故障端口，简称故障口。短路故障发生前，故障支路是断开的（等效于 K 断开），常称故障支路或故障口开路，全系统处于正常对称运行状态，其等值网络是正序网络。

故障口开路时，系统各节点的电压 $\boldsymbol{U}^{\circ}_{(1)}$ 为潮流结果。任意支路 $r-j$ 的支路电流正常分量 $\dot{I}^{\circ}_{\text{rj}(1)}$ 为

$$\dot{I}^{\circ}_{\text{rj}(1)}=\frac{\dot{U}^{\circ}_{\text{r}(1)}-\dot{U}^{\circ}_{\text{j}(1)}}{z_{\text{rj}(1)}} \tag{4-1}$$

式中：$z_{\text{rj}(1)}$ 为支路 $r-j$ 的正序阻抗。

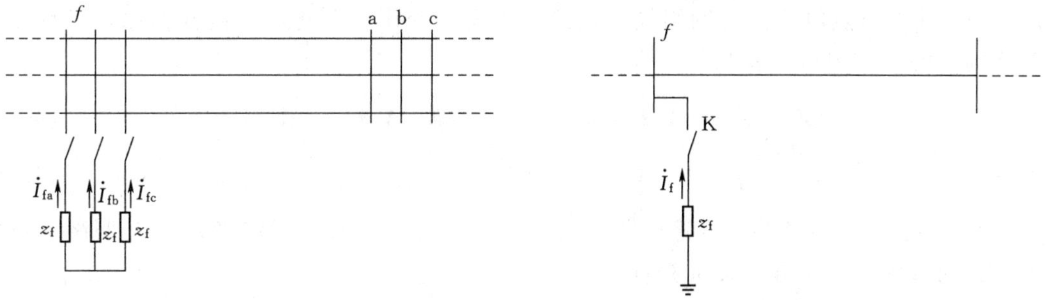

(a)三相图　　(b)单相图

图 4-1　三相相间短路故障的

显然，系统节点电压和支路电流的正常分量可由系统故障前的稳态潮流计算得到。

二、三相对称短路故障计算

如图 4-1（a）所示，当 f 处发生三相短路时，若故障支路三相的 z_f 相同，则全系统仍然处于三相对称状态；在单相图 4-1（b）中，等效于开关 K 闭合，相当于向原系统接入了一条支路阻抗为 z_f 的链支支路，其正序等值网络的节点阻抗矩阵由原来的 $\boldsymbol{Z}_{(1)}$ 变为 $\boldsymbol{Z}'_{(1)}$。因此，系统故障状态下的节点阻抗方程为

$$\boldsymbol{U}_{(1)}=\boldsymbol{Z}'_{(1)}\boldsymbol{I}^{\circ}_{(1)} \tag{4-2}$$

由戴维南定理可知，若从正序网络的故障口看进去，其等值口阻抗为 $Z_{p(1)}$，故障口的开路电压为 $\dot{U}^{\circ}_{p(1)}$，故障口的等值电路如图 4-2（a）所示，其中 $\dot{U}^{\circ}_{p(1)}=\dot{U}^{\circ}_{f(1)}$，根据节点阻抗矩阵元素的物理意义可知，$Z_{p(1)}=Z_{ff(1)}$。

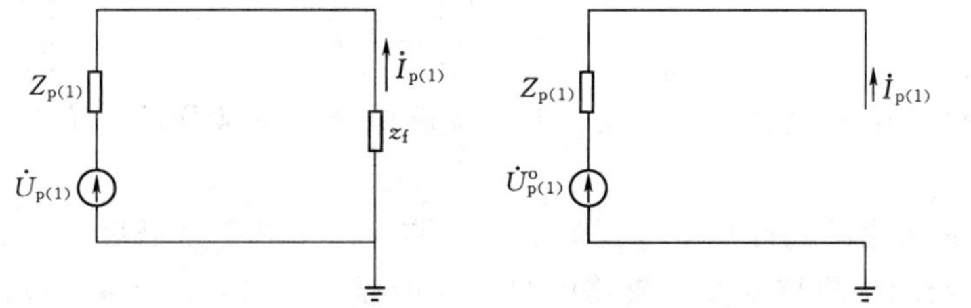

(a)用 z_f 表示的故障口等值电路　　(b)用 $\dot{I}_{p(1)}$ 表示的故障口等值电路

图 4-2　故障口等值电路

从图 4-2（a）可直接算出三相短路故障口电流为

$$\dot{I}_{p(1)}=\frac{-\dot{U}^{\circ}_{p(1)}}{Z_{p(1)}+z_f}=\frac{-\dot{U}^{\circ}_{f(1)}}{Z_{ff(1)}+z_f} \tag{4-3}$$

式中，负号是由于 $\dot{I}_{p(1)}$ 与 $\dot{U}^{\circ}_{p(1)}$ 的参考方向选取所致。

根据电路理论中的替代定理，可将图 4-2（a）中的故障支路 z_f 用理想电流源 $\dot{I}_{p(1)}$ 来替代，如图 4-2（b）所示，$\dot{I}_{f(1)}=-\dot{I}_{p(1)}$。$\dot{I}_{f(1)}$ 称为故障节点注入电流源的故障分量。

从上述分析可见，故障后与故障前相比，仅仅是在故障节点增加一个电流源的故障分

量$\dot{I}_{f(1)}$，而其余节点电流源与网络结构及参数不发生变化。因此，根据叠加原理可得故障后正序网络的节点阻抗方程为

$$\boldsymbol{U}_{(1)}=\boldsymbol{Z}_{(1)}[\boldsymbol{I}_{(1)}^{\circ}-\boldsymbol{A}_{f}\dot{\boldsymbol{I}}_{f(1)}]=\boldsymbol{Z}_{(1)}\boldsymbol{I}_{(1)}^{\circ}-\boldsymbol{Z}_{(1)}\boldsymbol{A}_{f}\dot{\boldsymbol{I}}_{f(1)}=\boldsymbol{U}_{(1)}^{\circ}+\boldsymbol{U}_{(1)}^{f} \tag{4-4}$$

其中

$$\boldsymbol{U}_{(1)}^{f}=-\boldsymbol{Z}_{(1)}\boldsymbol{A}_{f}\dot{\boldsymbol{I}}_{f(1)} \tag{4-5}$$

式中：$\boldsymbol{U}_{(1)}^{f}$是由故障电流$\dot{\boldsymbol{I}}_{f(1)}$引起的节点电压故障分量，为$n$元列向量；$\boldsymbol{A}_{f}$是网络节点对故障支路的关联矩阵，亦为$n$元列向量。

$$\boldsymbol{A}_{f}=\begin{bmatrix}0\\ \vdots\\ 1\\ \vdots\\ 0\end{bmatrix}\leftarrow f$$

当$\boldsymbol{U}_{(1)}^{\circ}$已知时，则只需单独计算$\boldsymbol{U}_{(1)}^{f}$。由式（4－2）可得其中任意$r$节点电压的故障分量为

$$\dot{U}_{r(1)}^{f}=Z_{rf(1)}\dot{I}_{f(1)}\quad (r=1,2,\cdots,n) \tag{4-6}$$

根据式（4－4），故障时任意节点r的电压为

$$\dot{U}_{r(1)}=\dot{U}_{r(1)}^{\circ}+\dot{U}_{r(1)}^{f}=\dot{U}_{r(1)}^{\circ}+Z_{rj(1)}\dot{I}_{f(1)}\quad (r=1,2,\cdots,n) \tag{4-7}$$

故障时任意支路$r-j$的电流为

$$\begin{aligned}\dot{I}_{rj(1)}&=\frac{\dot{U}_{r(1)}-\dot{U}_{j(1)}}{z_{rj(1)}}=\frac{\dot{U}_{r(1)}^{\circ}-\dot{U}_{j(1)}^{\circ}}{z_{rj(1)}}+\frac{\dot{U}_{r(1)}^{f}-\dot{U}_{j(1)}^{f}}{z_{rj(1)}}\\&=\frac{\dot{U}_{r(1)}^{\circ}-\dot{U}_{j(1)}^{\circ}}{z_{rj(1)}}+\frac{z_{rf(1)}-z_{jf(1)}}{z_{rj(1)}}\dot{I}_{f(1)}\end{aligned} \tag{4-8}$$

式（4－8）中的第一项是负荷电流，常称支路电流的正常分量；第二项是由故障引起的，常称故障分量。

在短路故障的实用简化计算中，近似认为短路前网络处于空载状态，各节点电压均等于1（标么值）。当网络阻抗参数、支路电流均采用标么值时，式（4－3）、式（4－7）和式（4－8）分别简化为

$$\dot{I}_{f(1)}=-\frac{1}{Z_{ff(1)}+z_{f}} \tag{4-9}$$

$$\dot{U}_{r(1)}=1+Z_{rf(1)}\dot{I}_{f(1)}=1-\frac{Z_{rf(1)}}{Z_{ff(1)}+z_{f}} \tag{4-10}$$

$$\dot{I}_{rj(1)}=\frac{\dot{U}_{r(1)}^{f}-\dot{U}_{j(1)}^{f}}{z_{rj(1)}}=\frac{Z_{rf(1)}-Z_{jf(1)}}{z_{rj(1)}}\dot{I}_{f(1)} \tag{4-11}$$

根据上述计算过程不难看出，系统中任意节点发生三相对称短路时，为了计算其中任意节点电压和任意支路电流，只需用到系统的正序等值网络节点阻抗矩阵$\boldsymbol{Z}_{(1)}$中与独立电源节点和故障点相关联的那些列元素；在实用简化计算中，却只需用到$\boldsymbol{Z}_{(1)}$中与故障点相关联的那一列元素。

【**例 4-1**】　图 4-3 所示电路有 5 个节点，网络参数在图 4-3 中标出。在简化的短路电流计算中，假定各节点电压为 1。试求：节点①、②和③三相短路时各支路的电流及各节点的电压。

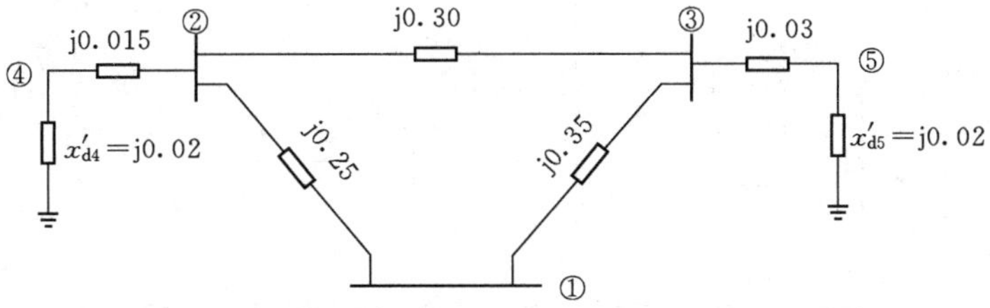

图 4-3　系统接线图

解：首先形成故障前网络节点阻抗矩阵 $\boldsymbol{Z}_{(1)}$ 为

$$\boldsymbol{Z}_{(1)}=\mathrm{j}\begin{pmatrix}0.166423 & 0.020468 & 0.020760 & 0.011696 & 0.008304\\ 0.020468 & 0.030702 & 0.006140 & 0.017544 & 0.002456\\ 0.020760 & 0.006140 & 0.041228 & 0.003509 & 0.016491\\ 0.011696 & 0.017544 & 0.003509 & 0.018596 & 0.001404\\ 0.008304 & 0.002456 & 0.016491 & 0.001404 & 0.018596\end{pmatrix}$$

系统正常运行时各节点的电压为

$$\boldsymbol{U}^{\circ}=[1\quad 1\quad 1\quad 1\quad 1]^{\mathrm{T}}$$

节点①故障时的故障口电流为

$$\dot{I}_{\mathrm{p}(1)}=\frac{-\dot{U}^{\circ}_{1(1)}}{Z_{11(1)}}=\frac{-1}{\mathrm{j}0.166423}=\mathrm{j}6.0088$$

根据式（4-6）可得①、②、③节点电压的故障分量为

$$\begin{bmatrix}\dot{U}^{f}_{1(1)}\\ \dot{U}^{f}_{2(1)}\\ \dot{U}^{f}_{3(1)}\\ \dot{U}^{f}_{4(1)}\\ \dot{U}^{f}_{5(1)}\end{bmatrix}=\begin{bmatrix}Z_{11(1)}\\ Z_{21(1)}\\ Z_{31(1)}\\ Z_{41(1)}\\ Z_{51(1)}\end{bmatrix}\dot{I}_{\mathrm{p}(1)}=\mathrm{j}\begin{bmatrix}0.166423\\ 0.020468\\ 0.020760\\ 0.011696\\ 0.008304\end{bmatrix}\mathrm{j}6.0088=-\begin{bmatrix}1.00000\\ 0.12299\\ 0.12474\\ 0.07028\\ 0.04990\end{bmatrix}$$

根据式（4-7）可得故障时节点①～⑤的电压为

$$\begin{bmatrix}\dot{U}_{1(1)}\\ \dot{U}_{2(1)}\\ \dot{U}_{3(1)}\\ \dot{U}_{4(1)}\\ \dot{U}_{5(1)}\end{bmatrix}=\begin{bmatrix}\dot{U}^{\circ}_{1(1)}\\ \dot{U}^{\circ}_{2(1)}\\ \dot{U}^{\circ}_{3(1)}\\ \dot{U}^{\circ}_{4(1)}\\ \dot{U}^{\circ}_{5(1)}\end{bmatrix}+\begin{bmatrix}\dot{U}^{f}_{1(1)}\\ \dot{U}^{f}_{2(1)}\\ \dot{U}^{f}_{3(1)}\\ \dot{U}^{f}_{4(1)}\\ \dot{U}^{f}_{5(1)}\end{bmatrix}=\begin{bmatrix}1\\ 1\\ 1\\ 1\\ 1\end{bmatrix}-\begin{bmatrix}1.00000\\ 0.12299\\ 0.12474\\ 0.07028\\ 0.04990\end{bmatrix}=\begin{bmatrix}0\\ 0.87701\\ 0.87526\\ 0.92972\\ 0.95010\end{bmatrix}$$

根据式（4－8）可得所需求的支路电流为

$$\begin{bmatrix}\dot{I}_{12(1)}\\ \dot{I}_{13(1)}\\ \dot{I}_{23(1)}\end{bmatrix}=\begin{bmatrix}\dfrac{\dot{U}_{1(1)}-\dot{U}_{2(1)}}{z_{12(1)}}\\ \dfrac{\dot{U}_{1(1)}-\dot{U}_{3(1)}}{z_{13(1)}}\\ \dfrac{\dot{U}_{2(1)}-\dot{U}_{3(1)}}{z_{23(1)}}\end{bmatrix}=\begin{bmatrix}\dfrac{0-0.87701}{j0.25}\\ \dfrac{0-0.87526}{j0.35}\\ \dfrac{0.87701-0.87526}{j0.3}\end{bmatrix}=j\begin{bmatrix}3.50804\\ 2.50074\\ -0.00583\end{bmatrix}$$

第二节　简单不对称故障的计算

一、概述

根据电路理论和对称分量法，应用口参数方程可以统一表述电力系统各种简单短路故障与非对称断相状态的计算过程，其关键问题是计算故障口的各序电流。

短路故障与非对称断相在等值电路上的差别是：短路故障口所关联的节点 f、0（接地点），只有 f 是独立节点，0 是参考点，所以短路故障又称横向故障，其故障口参数与独立节点 f 的参数相同，且可由故障前的网络算出；非对称断相口关联的两个节点 f、t 均为独立节点，所以常称纵向故障，在惯用算法中，其端口参数必须由断口出现后的网络节点 f、t 的节点参数算出；接地短路故障口的零序电流只能经大地构成通路，断相口的零序电流除能以大地构成通路外，还能以断口节点 f、t 相通的回路作通路。为了便于阐述和导出统一的计算公式，以下将短路故障口和非对称断相口统称为故障口或故障支路，它们所关联的节点均以 f、t 来表示，对于短路故障，t 为参考点 0。

二、故障口各序电流的计算

从电路角度来看，三相电力系统某处发生不对称的短路故障或非对称断相故障，实为三相电路在故障处的阻抗参数不对称，全系统除故障支路以外仍然保持三相对称。所以应用对称分量法，将故障支路的不对称电流变换为各序（与故障类型有关）的对称电流，并应用替代定理将它们作为理想电流源替代各对称序网中的故障支路，这样就将一个不对称的三相系统转换成了互相独立的各序对称三相系统，从而根据三相对称电路的分析方法进行各序网节点电压及支路电流的计算。再根据叠加定理，计算不对称故障下系统任意节点的相电压和任意支路的相电流。

任意三相交流电力系统，都可以作出其相互独立的三序网络。其中正序为有源网络，负序及零序均为无源网络。根据故障位置，可以作出如图 4－4 所示的各独立序网的故障口等值电路，其故障支路已分别用故障支路的序电流来替代。

由图 4－4 可写出各独立序网的故障口电压方程为

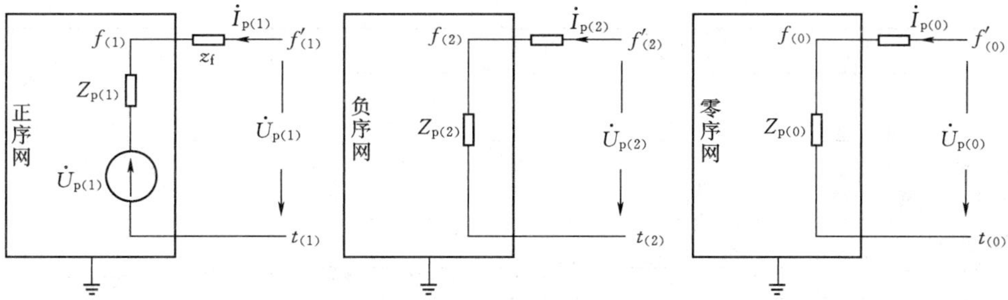

(a)正序等值电路　　(b)负序等值电路　　(c)零序等值电路

图 4-4　故障口等值电路

$$\begin{pmatrix}\dot{U}_{p(1)}\\ \dot{U}_{p(2)}\\ \dot{U}_{p(0)}\end{pmatrix}=\begin{pmatrix}\dot{U}^{\circ}_{p(1)}\\ 0\\ 0\end{pmatrix}+\begin{pmatrix}Z_{p(1)}+z_f & & \\ & Z_{p(2)}+z_f & \\ & & Z_{p(0)}+z_f\end{pmatrix}\begin{pmatrix}\dot{I}_{p(1)}\\ \dot{I}_{p(2)}\\ \dot{I}_{p(0)}\end{pmatrix} \tag{4-12}$$

式（4-12）简记为

$$\dot{U}_{p(s)}=\dot{U}^{\circ}_{p(s)}+[Z_{p(s)}+z_f]\dot{I}_{p(s)}\quad (s=1,2,0) \tag{4-13}$$

式中：1、2、0 分别为正序、负序及零序。

无源负序网与无源零序网故障口开路电压均为零，即$\dot{U}^{\circ}_{p(2)}=\dot{U}^{\circ}_{p(0)}=0$；$z_f$ 为故障支路阻抗；$Z_{p(s)}+z_f$ 为各序网的故障口等值阻抗。

有源正序网络故障口开路电压为

$$\dot{U}^{\circ}_{p(1)}=\dot{U}^{\circ}_{f(1)}-\dot{U}^{\circ}_{t(1)} \tag{4-14}$$

各序网故障口电流与故障口节点电流故障分量的关系为

$$\dot{I}_{p(s)}=\dot{I}_{f(s)}=-\dot{I}_{t(s)} \tag{4-15}$$

由故障口关联 f、t 的自阻抗及互阻抗，可算出各独立序网络故障端口的等值阻抗为

$$Z_{p(s)}=Z_{ff(s)}+Z_{tt(s)}-2Z_{ft(s)} \tag{4-16}$$

对于同一运行状态的电力系统：故障处的端口阻抗 $Z_{p(s)}$ 和开路电压$\dot{U}^{\circ}_{p(1)}$及式（4-12）的形式，均与故障类型无关，而仅与故障位置有关。因此，对同一运行状态和相同故障位置的电力系统，故障口电流电压的序分量，才与具体的故障类别（短路或断相）与类型有关，见表 4-1。

表 4-1　　各类型故障的故障口序电流$\dot{I}^{(n)}_{p(s)}$及正序故障口外加等值阻抗 $Z^{(n)}$

故障类型	故障口序电流			$Z^{(n)}$	备注
	$\dot{I}^{(n)}_{p(1)}$	$\dot{I}^{(n)}_{p(2)}$	$\dot{I}^{(n)}_{p(0)}$		
三相短路（$n=3$）	$\dot{I}^{(3)}_{p(1)}$	0	0	0	—

续表

故障类型	故障口序电流			$Z^{(n)}$	备注
	$\dot{I}_{p(1)}^{(n)}$	$\dot{I}_{p(2)}^{(n)}$	$\dot{I}_{p(0)}^{(n)}$		
两相间短路 ($n=2$)	$\dot{I}_{p(1)}^{(2)}$	$-\dot{I}_{p(1)}^{(2)}$	0	$Z_p^{(2)}+z_f$	并联型故障
BC 相接地短路 ($n=1$，1)	$\dot{I}_{p(1)}^{(1,1)}$	$\dfrac{-[Z_{p(0)}+z_f]\dot{I}_{p(1)}^{(1,1)}}{Z_{p(2)}+Z_{p(0)}+2z_f}$	$\dfrac{-[Z_{p(0)}+z_f]\dot{I}_{p(1)}^{(1,1)}}{Z_{p(2)}+Z_{p(0)}+2z_f}$	$\dfrac{[Z_{p(2)}+z_f][Z_{p(0)}+z_f]}{Z_{p(2)}+Z_{p(0)}+2z_f}$	
A 相断开 ($n=1$，0)	$\dot{I}_{p(1)}^{(1,0)}$	$\dfrac{-[Z_{p(0)}+z_f]\dot{I}_{p(1)}^{(1,0)}}{Z_{p(2)}+Z_{p(0)}+2z_f}$	$\dfrac{-[Z_{p(0)}+z_f]\dot{I}_{p(1)}^{(1,0)}}{Z_{p(2)}+Z_{p(0)}+2z_f}$		
单相接地短路 ($n=1$)	$\dot{I}_{p(1)}^{(1)}$	$\dot{I}_{p(1)}^{(1)}$	$\dot{I}_{p(1)}^{(1)}$	$Z_{p(2)}+Z_{p(0)}+2z_f$	串联型故障
BC 相断开 ($n=2$，0)	$\dot{I}_{p(1)}^{(2,0)}$	$\dot{I}_{p(1)}^{(2,0)}$	$\dot{I}_{p(1)}^{(2,0)}$		

式（4-12）中的故障口各序电流和各序电压均是未知数，为了求解这些未知数，必须再根据故障类型写出边界条件方程，以 A 相为特殊相的故障口序电流序电压表示的实际故障口相电流、相电压的关系，见表 4-2。

表 4-2　　故障口边界条件

故障类型	故障支路	以 A 相为特殊相表示的故障支路边界条件方程	以 A 相序电流序电压表示的故障支路边界条件方程
三相短路	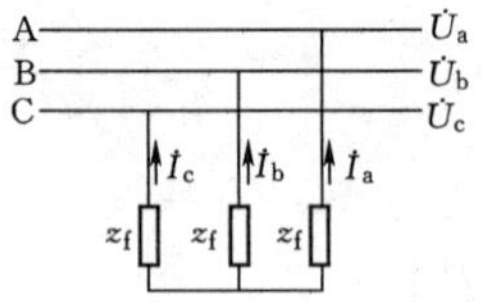	$\dot{U}_a+z_f\dot{I}_a=0$	$\dot{U}_{a(1)}+z_f\dot{I}_{a(1)}=0$
A 相接地短路	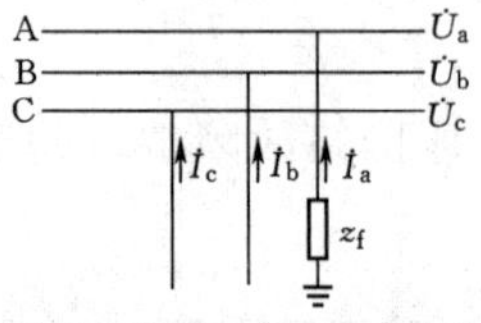	$\dot{I}_b=0$，$\dot{I}_c=0$ $\dot{U}_a+z_f\dot{I}_a=0$	$\dot{I}_{a(1)}=\dot{I}_{a(2)}=\dot{I}_{a(0)}$； $\dot{U}_{a(1)}+\dot{U}_{a(2)}+\dot{U}_{a(0)}+3z_f\dot{I}_{a(1)}=0$
B、C 相相间短路	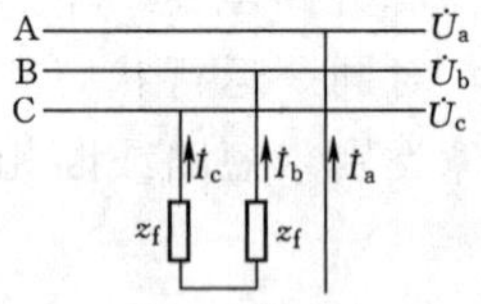	$\dot{I}_a=0$； $\dot{I}_b=-\dot{I}_c$； $\dot{U}_b+z_f\dot{I}_b=\dot{U}_c+z_f\dot{I}_c$	$\dot{I}_{a(0)}=0$； $\dot{I}_{a(1)}+\dot{I}_{a(2)}=0$； $\dot{U}_{a(1)}+z_f\dot{I}_{a(1)}=\dot{U}_{a(2)}+z_f\dot{I}_{a(2)}$
B、C 相接地短路	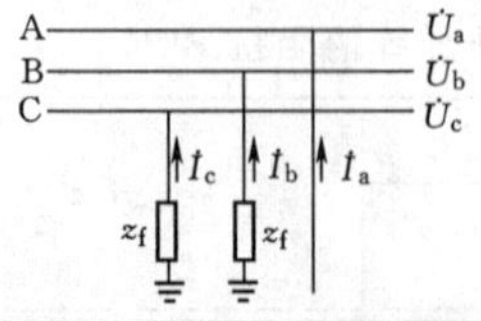	$\dot{I}_a=0$； $\dot{U}_b+z_f\dot{I}_b=0$； $\dot{U}_c+z_f\dot{I}_c=0$	$\dot{I}_{a(1)}+\dot{I}_{a(2)}+\dot{I}_{a(0)}=0$； $\dot{U}_{a(1)}+z_f\dot{I}_{a(1)}=\dot{U}_{a(2)}+z_f\dot{I}_{a(2)}$ $=\dot{U}_{a(0)}+z_f\dot{I}_{a(0)}$

由边界条件方程不难看出故障口 A 相序电流、A 相序电压的相互关系。这些关系仅有两种情况：各序口电流相等，各序口电压之和为零；各序口电压相等，各序口电流之和

为零。从电路角度看，前者表示各序网在故障口串联，故又常称串联型故障，简称串型故障；后者表明各序网在故障口相互并联，故又常称并联型故障，简称并型故障。通常将各序网按故障口边界条件联接起来的网络称为复合序网。

根据复合序网可算得正序网口电流为

$$\dot{I}_{p(1)}^{(n)}=\frac{-\dot{U}_{p(1)}^{\circ}}{Z_{p(1)}+z_{f}+Z^{(n)}} \tag{4-17}$$

式中：$Z^{(n)}$为接于正序网故障口 f'、t 的外加等值阻抗，它由无源负序网、零序网的故障口阻抗构成，其值与故障类别与类型有关，上标 n 表示故障的类别与类型。

根据$\dot{I}_{p(1)}^{(n)}$，由故障口边界条件，便可求出负序网与零序网的故障口电流。将得到的故障口各序电流，代入式（4－12）可算出故障口的各序电压。

三、任意节点的序电压及相电压计算

由于负序网与零序网均为无源网络，仅在故障口节点才有故障电流注入，所以系统故障时各序网节点电压可由下式算出

$$\begin{bmatrix}\boldsymbol{U}_{(1)}\\ \boldsymbol{U}_{(2)}\\ \boldsymbol{U}_{(0)}\end{bmatrix}=\begin{bmatrix}\boldsymbol{U}_{(1)}^{\circ}\\ 0\\ 0\end{bmatrix}+\begin{bmatrix}\boldsymbol{Z}_{(1)} & & \\ & \boldsymbol{Z}_{(2)} & \\ & & \boldsymbol{Z}_{(0)}\end{bmatrix}\begin{bmatrix}\boldsymbol{A}_{(1)}\dot{I}_{p(1)}\\ \boldsymbol{A}_{(2)}\dot{I}_{p(2)}\\ \boldsymbol{A}_{(0)}\dot{I}_{p(0)}\end{bmatrix} \tag{4-18}$$

简记为

$$\boldsymbol{U}_{(s)}=\boldsymbol{U}_{(s)}^{\circ}+\boldsymbol{Z}_{(s)}\boldsymbol{A}_{(s)}\dot{I}_{p(s)}=\boldsymbol{U}_{(s)}^{\circ}+\boldsymbol{U}_{(s)}^{f} \tag{4-19}$$

式中：$\boldsymbol{U}_{(s)}^{\circ}$为节点序电压的正常分量，其中$\boldsymbol{U}_{(2)}^{\circ}$、$\boldsymbol{U}_{(0)}^{\circ}$均为零；$\boldsymbol{U}_{(s)}^{f}$为节点电压的故障分量；$\boldsymbol{A}_{(s)}$为 s 序网节点对故障口支路的关联矩阵。

$$\boldsymbol{U}_{(s)}^{f}=\boldsymbol{Z}_{(s)}\boldsymbol{A}_{(s)}\dot{I}_{p(s)}\quad(s=1,2,0) \tag{4-20}$$

根据式（4－18）计算得任意节点 r 的各序电压为

$$\begin{bmatrix}\dot{U}_{r(1)}\\ \dot{U}_{r(2)}\\ \dot{U}_{r(0)}\end{bmatrix}=\begin{bmatrix}\dot{U}_{r(1)}^{\circ}+[Z_{rf(1)}-Z_{rt(1)}]\dot{I}_{p(1)}\\ [Z_{rf(2)}-Z_{rt(2)}]\dot{I}_{p(2)}\\ [Z_{rf(0)}-Z_{rt(0)}]\dot{I}_{p(0)}\end{bmatrix} \tag{4-21}$$

根据叠加原理，可得任意节点 r 的三相电压为

$$\begin{bmatrix}\dot{U}_{r(a)}\\ \dot{U}_{r(b)}\\ \dot{U}_{r(c)}\end{bmatrix}=\begin{bmatrix}1 & 1 & 1\\ a^{2} & a & 1\\ a & a^{2} & 1\end{bmatrix}\begin{bmatrix}\dot{U}_{r(1)}\\ \dot{U}_{r(2)}\\ \dot{U}_{r(0)}\end{bmatrix} \tag{4-22}$$

四、任意支路的序电流及相电流计算

根据式（4－21）及欧姆定律，可算出任意支路 $r—j$ 的各序电流为

$$\dot{I}_{rj(1)}=\frac{\dot{U}_{r(1)}-\dot{U}_{j(1)}}{z_{rj(1)}}=\frac{\dot{U}^{\circ}_{r(1)}-\dot{U}^{\circ}_{j(1)}}{z_{rj(1)}}+\frac{\dot{U}^{f}_{r(1)}-\dot{U}^{f}_{j(1)}}{z_{rj(1)}} \tag{4-23}$$

$$\dot{I}_{rj(2)}=\frac{1}{z_{rj(2)}}[Z_{rf(2)}+Z_{jt(2)}-Z_{rt(2)}-Z_{jf(2)}]\dot{I}_{p(2)} \tag{4-24}$$

$$\dot{I}_{rj(0)}=\frac{1}{z_{rj(0)}}[Z_{rf(0)}+Z_{jt(0)}-Z_{rt(0)}-Z_{jf(0)}]\dot{I}_{p(0)} \tag{4-25}$$

显然，正序电流为正常分量与故障分量之和，负序电流和零序电流只有故障分量。根据叠加原理，可得 $r-j$ 支路的三相电流为

$$\begin{pmatrix}\dot{I}_{rj(a)}\\ \dot{I}_{rj(b)}\\ \dot{I}_{rj(c)}\end{pmatrix}=\begin{pmatrix}1 & 1 & 1\\ a^2 & a & 1\\ a & a^2 & 1\end{pmatrix}\begin{pmatrix}\dot{I}_{rj(1)}\\ \dot{I}_{rj(2)}\\ \dot{I}_{rj(0)}\end{pmatrix} \tag{4-26}$$

应当再次指出：对于短路故障，故障口关联节点 f、0，因 0 为参考点，所以在本节所导出的统一计算公式中，凡下标有 t 的节点阻抗、节点电压均为零；对于非对称断相，故障口关联节点 f、t 均为独立节点，应按各导出公式进行计算；各序网的节点阻抗矩阵或其中所需用的元素，均是在故障口开路条件下形成的。

五、用节点阻抗方程进行故障计算的步骤

（1）作出系统故障时的各序网络图并计算其参数，形成各序网故障口开路时的节点阻抗矩阵 $\boldsymbol{Z}_{(s)}$ 或故障计算所需用的元素。

（2）正序网络故障口开路电压 $\dot{U}^{\circ}_{p(1)}$ 为正常时潮流结果。按式（4－16）计算各序网故障端口等值阻抗 $Z_{p(s)}$。

（3）按式（4－17）计算正序网络故障口电流，由表 4－1 计算负序与零序口电流。

（4）按式（4－19）计算任意节点的序电压，按式（4－22）计算任意节点的三相电压。

（5）按式（4－23）～式（4－25）计算任意支路的各序电流，按式（4－26）计算任意支路的三相电流。

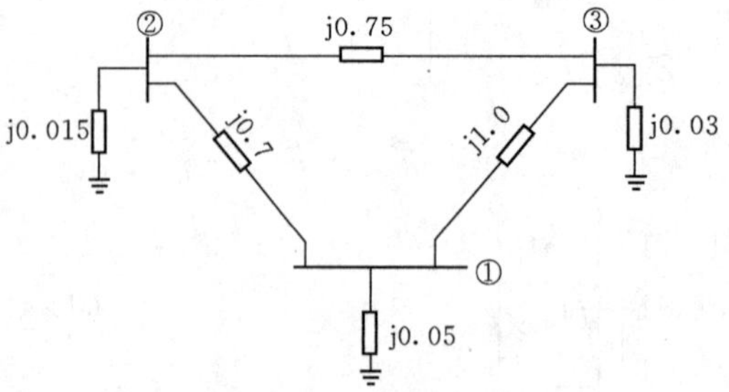

图 4－5　零序网络

【例 4－2】 对［例 4－1］所示的电力系统进行不对称短路计算。假定发电机的负序电抗等于暂态电抗，零序网的结构及参数见图 4－5 所示。假定故障前节点电压的标么值为 1，试求：节点①、②、③发生单相接地短路、两相接地短路和两相间短路时各支路电流和各节点电压的正序、负序和零序分量。

解： 因为发电机的负序电抗等于次暂态电抗，所以系统的负序网和正序网完全一样，负序网的阻抗矩阵与正序网相同。根据图 4

-5 所示的零序网结构及参数，可得零序网的节点阻抗矩阵为

$$\boldsymbol{Z}_{(0)}=\mathrm{j}\begin{bmatrix}0.044704 & 0.000945 & 0.001289\\ 0.000945 & 0.014434 & 0.000566\\ 0.001289 & 0.000566 & 0.028095\end{bmatrix}$$

节点①发生单相接地故障时，各序网故障口的电流为

$$\dot{I}_{1(1)}=\dot{I}_{1(2)}=\dot{I}_{1(0)}=-\frac{1}{Z_{11(1)}+Z_{11(2)}+Z_{11(0)}}=-\frac{1}{\mathrm{j}(2\times 0.166423+0.044704)}=\mathrm{j}2.648$$

各序网故障点电压为

$$\dot{U}_{1(1)}=\dot{U}_1^{(0)}+Z_{11(1)}\dot{I}_{1(1)}=1+\mathrm{j}0.166423\times\mathrm{j}2.648=0.56$$

$$\dot{U}_{1(2)}=Z_{11(2)}\dot{I}_{1(2)}=\mathrm{j}0.166423\times\mathrm{j}2.648=-0.442$$

$$\dot{U}_{1(0)}=Z_{11(0)}\dot{I}_{1(0)}=\mathrm{j}0.044704\times\mathrm{j}2.648=-0.118$$

其他各节点的电压可由式（4-19）求得。如节点②的电压为

$$\dot{U}_{2(1)}=\dot{U}_2^{(0)}+Z_{12(1)}\dot{I}_{1(1)}=1+\mathrm{j}0.020468\times\mathrm{j}2.648=0.946$$

$$\dot{U}_{2(2)}=Z_{12(2)}\dot{I}_{1(2)}=\mathrm{j}0.020468\times\mathrm{j}2.648=-0.054$$

$$\dot{U}_{2(0)}=Z_{12(0)}\dot{I}_{1(0)}=\mathrm{j}0.000945\times\mathrm{j}2.648=-0.002$$

由式（4-23）～式（4-25）计算任意支路的各序电流。如支路①—②的电流为

$$\dot{I}_{12(1)}=\frac{\dot{U}_1^{\circ}-\dot{U}_2^{\circ}}{z_{12(1)}}+\frac{Z_{11(1)}-Z_{12(1)}}{z_{12(1)}}\dot{I}_{1(1)}=\mathrm{j}\frac{0.166423-0.020468}{\mathrm{j}0.25}\mathrm{j}2.648=\mathrm{j}1.546$$

$$\dot{I}_{12(2)}=\frac{Z_{11(2)}-Z_{12(2)}}{z_{12(2)}}\dot{I}_{1(2)}=\mathrm{j}\frac{0.166423-0.020468}{\mathrm{j}0.25}\mathrm{j}2.648=\mathrm{j}1.546$$

$$\dot{I}_{12(0)}=\frac{Z_{11(0)}-Z_{12(0)}}{z_{12(0)}}\dot{I}_{1(0)}=\mathrm{j}\frac{0.044704-0.000945}{\mathrm{j}0.7}\mathrm{j}2.648=\mathrm{j}0.165$$

用同样的方法可求得其他各支路电流和节点电压的正序、负序和零序分量。结果列于表 4-3 和表 4-4 中。表中同样列出了节点②和节点③发生单相接地短路时的计算结果。

表 4-3　　单相接地短路时通过各支路的电流

短路点	s	故障口序电流	①—②	①—③	②—③	②—④	③—⑤
①	正序	j2.648	j1.546	j1.102	−j0.002	j1.548	j1.099
	负序		j1.546	j1.102	−j0.002	j1.548	j1.099
	零序		j0.165	j0.114	−j0.002	0	0
②	正序	j13.188	−j0.539	j0.539	j1.079	j11.566	j1.619
	负序		−j0.539	j0.539	j1.079	j11.566	j1.619
	零序		−j2.54	−j0.004	j0.243	0	0
③	正序	j9.045	j0.528	−j0.528	−j1.057	j1.586	j7.458
	负序		j0.528	−j0.528	−j1.057	j1.586	j7.458
	零序		j0.009	−j0.242	−j0.332	0	0

表 4-4 单相接地短路时各节点电压

短路点	s	①	②	③	④	⑤
①	正序	0.56	0.946	0.946	0.97	0.979
	负序	−0.441	−0.054	−0.054	−0.03	−0.021
	零序	−0.118	−0.002	−0.003	0	0
②	正序	0.731	0.596	0.92	0.769	0.968
	负序	−0.269	−0.404	−0.08	−0.231	−0.032
	零序	−0.012	−0.190	−0.007	0	0
③	正序	0.813	0.945	0.627	0.969	0.851
	负序	−0.187	−0.055	−0.372	−0.031	−0.149
	零序	−0.011	−0.005	−0.254	0	0

节点①发生两相接地短路时，各序网的故障点电流为

$$\dot{I}_{1(1)}=-\frac{\frac{1}{Z_{11(1)}}\left(\frac{1}{Z_{11(2)}}+\frac{1}{Z_{11(0)}}\right)}{\frac{1}{Z_{11(1)}}+\frac{1}{Z_{11(2)}}+\frac{1}{Z_{11(0)}}}=-\frac{\frac{1}{\mathrm{j}0.166423}\left(\frac{1}{\mathrm{j}0.166423}+\frac{1}{\mathrm{j}0.044704}\right)}{\frac{2}{\mathrm{j}0.166423}+\frac{1}{\mathrm{j}0.044704}}=\mathrm{j}4.958$$

$$\dot{I}_{1(2)}=\frac{\frac{1}{Z_{11(1)}}\frac{1}{Z_{11(2)}}}{\frac{1}{Z_{11(1)}}+\frac{1}{Z_{11(2)}}+\frac{1}{Z_{11(0)}}}=\frac{\frac{1}{\mathrm{j}0.166423}\frac{1}{\mathrm{j}0.166423}}{\frac{1}{\mathrm{j}0.044704}+\frac{2}{\mathrm{j}0.166423}}=-\mathrm{j}1.049$$

$$\dot{I}_{1(0)}=\frac{\frac{1}{Z_{11(1)}}\frac{1}{Z_{11(2)}}}{\frac{1}{Z_{11(1)}}+\frac{1}{Z_{11(2)}}+\frac{1}{Z_{11(0)}}}=\frac{\frac{1}{\mathrm{j}0.166423}\frac{1}{\mathrm{j}0.044704}}{\frac{1}{\mathrm{j}0.044704}+\frac{2}{\mathrm{j}0.166423}}=-\mathrm{j}3.908$$

进一步求得各序网故障点电压为

$$\dot{U}_{1(1)}=\dot{U}_{1(2)}=\dot{U}_{1(0)}=Z_{11(0)}\dot{I}_{1(0)}=-\mathrm{j}0.044704\times(-\mathrm{j}3.908)=0.174$$

各序网其他各节点电压及通过各支路电流的计算方法与单相接地短路时的方法相同。两相接地短路的计算结果列于表 4-5 和表 4-6。

表 4-5 两相接地短路时通过各支路的电流

短路点	s	故障口序电流	①—②	①—③	②—③	②—④	③—⑤
①	正序	j4.958	j2.895	j2.063	−j0.004	j2.899	j2.058
	负序	−j1.049	−j0.612	−j0.436	j0.001	−j0.614	−j0.435
	零序	−j3.908	−j0.244	−j0.169	j0.001	0	0
②	正序	j24.679	−j1.01	j1.01	j2.02	j21.648	j3.03
	负序	−j7.892	j0.323	−j0.323	−j0.646	−j0.922	−j0.969
	零序	−j16.787	j0.323	−j0.006	−j0.310	0	0
③	正序	j17.26	j1.009	−j1.009	−j2.018	j3.028	j14.232
	负序	−j6.995	−j0.400	j0.409	j0.818	−j1.227	−j5.767
	零序	−j10.265	−j0.010	j0.275	j0.376	0	0

表 4－6　　两相接地短路时各节点电压

短路点	s	①	②	③	④	⑤
①	正序	0.174	0.899	0.898	0.943	0.959
	负序	0.174	0.021	0.021	0.012	0.008
	零序	0.174	0.003	0.005	0	0
②	正序	0.495	0.242	0.849	0.568	0.94
	负序	0.161	0.242	0.048	0.138	0.019
	零序	0.015	0.242	0.009	0	0
③	正序	0.642	0.895	0.288	0.94	0.716
	负序	0.165	0.042	0.288	0.024	0.115
	零序	0.013	0.005	0.288	0	0

节点①发生两相间短路时，正序网的故障点电流分别为

$$\dot{I}_{1(1)}=-\dot{I}_{1(2)}=-\frac{1}{Z_{11(1)}+Z_{11(2)}}=-\frac{1}{2\times \mathrm{j}0.166423}=\mathrm{j}3.004$$

根据上述电流便可求得正负序网的故障口电压为

$$\dot{U}_{1(1)}=\dot{U}_{1(2)}=Z_{11(2)}\dot{I}_{1(2)}=\mathrm{j}0.166423\times(-\mathrm{j}3.004)=0.5$$

各序网其他各节点电压及通过各支路的电流结果列于表 4－7 和表 4－8。

表 4－7　　两相间短路时通过各支路的电流

短路点	s	故障口序电流	①—②	①—③	②—③	②—④	③—⑤
①	正序	j3.004	j1.754	j1.250	－j0.002	j1.756	j1.247
	负序	－j3.004	－j1.754	－j1.250	j0.002	－j1.756	－j1.247
②	正序	j16.285	－j0.666	j0.666	j1.333	j14.285	j2.0
	负序	－j16.285	j0.666	－j0.666	－j1.333	－j14.285	－j2.0
③	正序	j12.127	j0.709	－j0.709	－j1.418	j2.127	j1.0
	负序	－j12.127	－j0.709	j0.709	j1.418	－j2.127	－j1.0

表 4－8　　两相间短路时各节点电压

短路点	s	①	②	③	④	⑤
①	正序	0.5	0.939	0.938	0.965	0.976
	负序	0.5	0.061	0.062	0.035	0.024
②	正序	0.666	0.5	0.9	0.715	0.96
	负序	0.333	0.5	0.099	0.235	0.04
③	正序	0.748	0.926	0.5	0.958	0.8
	负序	0.251	0.074	0.5	0.042	0.2

第三节　输电线路上任意位置的短路故障计算

在继电保护整定计算及其工况分析、电力输电线对通信干扰及危险影响计算中，经常要进行输电线上除母线以外的任意位置短路故障的计算。

如图 4-6 所示，短路故障不是发生在网络的节点上，而是发生在线路 $r—j$ 上的任意位置点 f。设线路 $r—j$ 的长度为 l_{rj}，各序阻抗值 $z_{rj(s)}$，k 是标志点 f 位置的系数。由图 4-6 可知 k 值为

$$k=\frac{l_{rf}}{l_{rj}} \tag{4-27}$$

对于均匀线路有

$$k_{(s)}=\frac{z_{rf(s)}}{z_{rj(s)}} \tag{4-28}$$

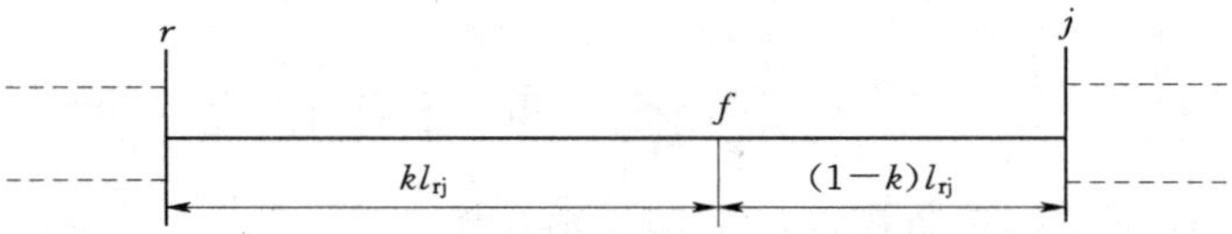

图 4-6　输电线路 $r—j$ 上的任意点 f

可视点 f 为网络的新增节点。应用对称分量法计算时，包括点 f 在内的节点阻抗矩阵 $\boldsymbol{Z}'_{(s)}$ 比原节点阻抗矩阵 $\boldsymbol{Z}_{(s)}$ 增加一阶，即

$$\boldsymbol{Z}'_{(s)}=\begin{pmatrix}\boldsymbol{Z}_{(s)} & Z_{mf(s)}\\ Z_{fm(s)} & Z_{ff(s)}\end{pmatrix}\quad(m=1,2,\cdots,n) \tag{4-29}$$

因为点 f 发生短路之前是开路的，点 f 对全网电流、电压分别没有影响，故 $\boldsymbol{Z}'_{(s)}$ 中除新增的第 f 行、f 列元以外的子矩阵仍等于 $\boldsymbol{Z}_{(s)}$，所以只需计算其新增的第 f 列（行）元素 $Z_{mf(s)}$、$Z_{ff(s)}$。

一、第 f 列非对角元 $Z_{mf(s)}$ 的计算

当点 f 开路且无任何电源时，从图 4-6 可得

$$\frac{\dot{U}_{r(s)}-\dot{U}_{f(s)}}{kz_{rj(s)}}=\frac{\dot{U}_{f(s)}-\dot{U}_{j(s)}}{(1-k)z_{rj(s)}}$$

即

$$\frac{\dot{U}_{r(s)}-\dot{U}_{f(s)}}{k}=\frac{\dot{U}_{f(s)}-\dot{U}_{j(s)}}{1-k} \tag{4-30}$$

令各序网络处于无源状态，点 f 开路，则仅在各序网络中的任意节点 $m(m\neq f)$ 注入单位电流时，由各网络的节点阻抗方程可得 r、j、f 点的电压为

$$\begin{pmatrix}\dot{U}_{f(s)}\\ \dot{U}_{r(s)}\\ \dot{U}_{j(s)}\end{pmatrix}=\begin{pmatrix}Z_{mf(s)}\\ Z_{mr(s)}\\ Z_{mj(s)}\end{pmatrix}$$

将上式代入式（4-30），可得

$$Z_{mf(s)}=(1-k)Z_{mr(s)}+kZ_{mj(s)} \tag{4-31}$$

当 m 分别等于 1，2，…，n 时，由式（4-31）可得第 f 列中的全部非对角元为

$$\begin{bmatrix} Z_{1f(s)} \\ Z_{2f(s)} \\ \vdots \\ Z_{mf(s)} \\ \\ Z_{nf(s)} \end{bmatrix}=(1-k)\begin{bmatrix} Z_{1r(s)} \\ Z_{2r(s)} \\ \vdots \\ Z_{mr(s)} \\ \vdots \\ Z_{nr(s)} \end{bmatrix}+k\begin{bmatrix} Z_{1j(s)} \\ Z_{2j(s)} \\ \vdots \\ Z_{mj(s)} \\ \vdots \\ Z_{nj(s)} \end{bmatrix} \tag{4-32}$$

二、第 f 列的对角元素 $Z_{ff(s)}$ 的计算

在图 4-6 中，对点 f 注入单位电流时，由基尔霍夫电流定律可得

$$\frac{\dot{U}_{f(s)}-\dot{U}_{r(s)}}{kz_{rj(s)}}+\frac{\dot{U}_{f(s)}-\dot{U}_{j(s)}}{(1-k)z_{rj(s)}}=1 \tag{4-33}$$

若令网络处于无源状态，仅于点 f 注入单位电流时，由该网络的节点阻抗方程可得点 r、j、f 的电压为

$$\begin{bmatrix} \dot{U}_{r(s)} \\ \dot{U}_{j(s)} \\ \dot{U}_{f(s)} \end{bmatrix}=\begin{bmatrix} Z_{rf(s)} \\ Z_{jf(s)} \\ Z_{ff(s)} \end{bmatrix}$$

将上式代入式（4-33），可得

$$Z_{ff(s)}=(1-k)Z_{rf(s)}+kZ_{jf(s)}+k(1-k)z_{rj(s)} \tag{4-34}$$

由式（4-32）已知

$$\begin{bmatrix} Z_{rf(s)} \\ Z_{jf(s)} \end{bmatrix}=(1-k)\begin{bmatrix} Z_{rr(s)} \\ Z_{jr(s)} \end{bmatrix}+k\begin{bmatrix} Z_{rj(s)} \\ Z_{jj(s)} \end{bmatrix}$$

将上式代入式（4-34），可得

$$Z_{fj(s)}=(1-k)^2Z_{rr(s)}+k^2Z_{jj(s)}+2k(1-k)Z_{rj(s)}+k(1-k)z_{rj(s)} \tag{4-35}$$

根据上述分析可知，只要知道某支路的各序阻抗 $z_{rj(s)}$ 及各序网节点阻抗矩阵 $\boldsymbol{Z}_{(s)}$ 中该支路两端连接点 r、j 的列阻抗元素，便可计算出该支路上任意点 f 的全列阻抗元素，从而使点 f 的短路计算过程与前述网络节点短路计算过程相同。

【例 4-3】 对［例 4-1］所示的电力系统，假定故障前节点电压的标么值为 1，试求：

（1）支路①—②的中点发生三相短路时各支路电流和各节点电压。

（2）支路①—②的中点发生单相接地短路、两相接地短路和两相间短路时，各支路电流及各节点电压的正序、负序和零序分量。

解：（1）在支路①—②中点发生三相短路时，要在支路①—②的中点增加一节点⑥，

按式（4－33）～式（4－35）求出该节点与其他节点间的互阻抗。

$$Z_{61(1)}=0.5Z_{11(1)}+0.5Z_{21(1)}=0.5(j0.166423+j0.020468)=j0.093445$$
$$Z_{62(1)}=0.5Z_{12(1)}+0.5Z_{22(1)}=0.5(j0.020468+j0.030702)=j0.025585$$
$$Z_{63(1)}=0.5Z_{13(1)}+0.5Z_{23(1)}=0.5(j0.020760+j0.006140)=j0.013450$$
$$Z_{64(1)}=0.5Z_{14(1)}+0.5Z_{24(1)}=0.5(j0.011696+j0.017544)=j0.01462$$
$$Z_{65(1)}=0.5Z_{15(1)}+0.5Z_{25(1)}=0.5(j0.008304+j0.002456)=j0.005380$$
$$Z_{66(1)}=0.5Z_{11(1)}^2+0.5Z_{22(1)}^2+0.5Z_{12(1)}+0.5^2Z_{12(1)}=j0.122015$$

节点⑥的三相短路电流为

$$I_{6(1)}=-\frac{1}{Z_{66(1)}}=-\frac{1}{j0.122015}=j8.1957$$

进一步求各支路的电流及各节点的电压。

（2）在支路①—②中点发生不对称短路时，零序网中节点⑥与其他节点的互阻抗为

$$Z_{61(0)}=0.5Z_{11(0)}+0.5Z_{21(0)}=0.5(j0.044704+j0.000945)=j0.022824$$
$$Z_{62(0)}=0.5Z_{12(0)}+0.5Z_{22(0)}=0.5(j0.000945+j0.014434)=j0.007689$$
$$Z_{63(0)}=0.5Z_{13(0)}+0.5Z_{23(0)}=0.5(j0.001289+j0.000566)=j0.000927$$
$$Z_{66(0)}=0.5Z_{11(0)}^2+0.5Z_{22(0)}^2+0.5Z_{12(0)}+0.5^2z_{12(0)}=j0.190256$$

进一步求得各支路电流和各节点电压，列于表 4－9 和表 4－10。

表 4－9　　支路①—②中点发生不对称短路时各支路电流

类型	s	短路点	①—③	②—③	②—④	③—⑤	①—⑥	②—⑥
单相接地	正序	j2.302	j0.526	j0.093	j1.683	j0.619	−j0.526	−j1.776
	负序	j2.302	j0.526	j0.093	j1.683	j0.619	−j0.526	−j1.776
	零序	j2.302	j0.050	j0.020	0	0	−j1.101	−j1.201
两相接地	正序	j5.092	j1.164	j0.205	j3.722	j1.369	−j1.164	−j3.928
	负序	−j3.102	−j0.709	−j0.125	−j2.268	−j0.834	j0.709	j2.393
	零序	−j1.989	−j0.043	−j0.017	0	0	j0.951	j1.037
两相间短路	正序	j4.097	j0.936	j0.166	j2.995	j1.102	−j0.036	−j3.161
	负序	−j4.097	−j0.936	−j0.166	−j2.995	j1.102	j0.036	j3.161

表 4－10　　支路①—②中点发生不对称短路时各节点电压

类型	s	①	②	③	④	⑤	⑥
单相接地	正序	0.783	0.940	0.968	0.965	0.986	0.718
	负序	−0.215	−0.058	−0.030	−0.033	−0.012	−0.280
	零序	−0.052	−0.017	−0.002	0	0	−0.438
两相接地	正序	0.525	0.870	0.932	0.926	0.973	0.378
	负序	0.289	0.079	0.041	0.045	0.016	0.378
	零序	0.045	0.015	0.001	0	0	0.378
两相间短路	正序	0.618	0.896	0.945	0.941	0.978	0.5
	负序	0.382	0.104	0.055	0.059	0.022	0.5

第四节　电力系统故障快速计算的比例系数法

一、概述

在继电保护整定计算及其工况分析中，常常需对某电力系统同一运行方式下，每一故障位置各类故障进行计算，所以计算量大。特别是对全网性的故障计算，这一问题尤为突出。

鉴于电力系统在同一故障处，各序网的口阻抗与故障类型无关，只有复合序网中的正序故障口等值回路阻抗，即式（4－17）中的 $Z_{p(1)}+z_f+Z^{(n)}$ 与故障的类别有关。同时考虑到实用计算中各序网均属线性网络，各序网节点电压和支路电流的故障分量与故障口电流成正比，节点电压的分布系数也相同，仅其中正序网节点电压与支路电流为正常分量与故障分量之和；同时还考虑到实用计算中，常把负序网阻抗参数与正序网阻抗参数视为完全相同。

本节根据上述特点，只需计算同一故障位置的单相接地口电流、有关节点序电压与支路序电流的故障分量，并分别算出该同一短路故障位置的其他短路故障各序口电流与单相接地故障口序电流的比例系数。同理，只需计算同一非对称断相处的两相断口的各序口电流，序网节点电压与支路电流的故障分量，并算出一相断相口序电流与两相断口序电流的比例系数。根据线性网络特性，这些比例系数都是同一位置故障口零序口阻抗与负序口阻抗比值的函数，利用它们可快速算出该同一位置的各种故障所需用的节点电压或支路电流，避免了不必要的重复运算，较常用算法显著地减少了运算量，而且可利用各故障口电流的比例系数进行各种故障情况下有关电气量的分析比较。

二、同一位置的各种短路故障口与单相接地短路故障口同序口电流的比例系数，一相断口与两相断口同序口电流的比例系数

在负序网与正序网阻抗参数相同的条件下，$\boldsymbol{Z}_{(1)}=\boldsymbol{Z}_{(2)}$，对于短路故障，令

$$k_z=\frac{Z_{ff(0)}+z_f}{Z_{ff(2)}+z_f},k_{(s)}^{(n)}=\frac{\dot{I}_{p(s)}^{(n)}}{\dot{I}_{p(s)}^{(1)}} \tag{4-36}$$

对于非对称断相故障，$\boldsymbol{Z}'_{(1)}=\boldsymbol{Z}'_{(2)}$，令

$$k'_z=\frac{Z'_{ff(0)}+Z'_{tt(0)}-2Z'_{ft(0)}+z_f}{Z'_{ff(2)}+Z'_{tt(2)}-2Z'_{ft(2)}+z_f},k_{(s)}^{(1^\circ)}=\frac{\dot{I}_{p(s)}^{(1^\circ)}}{\dot{I}_{p(s)}^{(2^\circ)}} \tag{4-37}$$

$k_{(s)}^{(n)}$ 为同一短路处第 n 类型短路故障的 s（$s=1$，2，0，标志序列）序口电流 $\dot{I}_{p(s)}^{(n)}$ 的比例系数；$k_{(s)}^{(1^\circ)}$ 为同一非对称断相处的一相断口的 s 序口电流 $\dot{I}_{p(n)}^{(1^\circ)}$ 与两相断口同序口电流 $\dot{I}_{p(n)}^{(2^\circ)}$ 的比例系数。

根据式（4－8）～式（4－20）及表 4－2，可得 $k_{(s)}^{(n)}$ 与 $k_{(s)}^{(1^\circ)}$ 的各比例系数见表 4－11。

表 4-11 各类故障同序口电流比例系数

故障类型	$k_{(1)}^{(n)}$	$k_{(2)}^{(n)}$	$k_{(0)}^{(n)}$
三相短路（$n=3$）	$2+k_z$	0	0
两相相间短路（$n=2$）	$1+0.5k_z$	$-1-0.5k_z$	0
两相接地短路（$n=1$，1）	$-[k_{(2)}^{(1,1)}+k_{(0)}^{(1,1)}]$	$k_z k_{(0)}^{(1,1)}$	$-\dfrac{2+k_z}{1+2k_z}$
单相断线（$n=1^{\circ}$）	$-[k_{(2)}^{(1^{\circ})}+k_{(0)}^{(1^{\circ})}]$	$k'_z k_{(0)}^{(1^{\circ})}$	$-\dfrac{2+k'_z}{1+2k'_z}$

显然，在系统运行方式相同的情况下，$k_{(s)}^{(n)}$系数是随故障位置变化的，对同一故障位置将保持不变，计及系统各元件的电阻和故障口的过渡电阻时，$k_{(s)}^{(n)}$为复数；不计系统元件的电阻和故障口过渡电阻时，$k_{(s)}^{(n)}$为实数。

三、同一位置各类故障的快速计算

设系统中点 f 发生短路或者点 f、t 发生非对称断相。由式（4-21）可知点 f 单相接地短路时的各序口电流为

$$\dot{I}_{p(1)}^{(1)}=\dot{I}_{p(2)}^{(1)}=\dot{I}_{p(0)}^{(1)}=\frac{-\dot{U}^{\circ}_{f(1)}}{2Z_{ff(2)}+Z_{ff(0)}+3z_f} \tag{4-38}$$

点 f、t 两相非对称断相时的各序电流为

$$\dot{I}_{p(1)}^{(2^{\circ})}=\dot{I}_{p(2)}^{(2^{\circ})}=\dot{I}_{p(0)}^{(2^{\circ})}=\frac{-[\dot{U}'^{\circ}_{f(1)}-\dot{U}'^{\circ}_{t(1)}]}{2[Z'_{ff(1)}+Z'_{tt(1)}-2Z'_{ft(1)}]+Z'_{ff(0)}+Z'_{tt(0)}-2Z'_{ft(0)}+3z_f} \tag{4-39}$$

由式（4-18）～式（4-20）和式（4-23）～式（4-25）可知：点 f 单相接地短路时，任意节点 r 的序电压及任意支路 $r-j$ 的序电流故障分量分别为

$$\begin{bmatrix}\dot{U}_{r(1)}^{f(1)}\\ \dot{U}_{r(2)}^{(1)}\\ \dot{U}_{r(0)}^{(1)}\end{bmatrix}=\begin{bmatrix}Z_{rf(1)}\\ Z_{rf(2)}\\ Z_{rf(0)}\end{bmatrix}\dot{I}_{p(1)}^{(1)} \tag{4-40}$$

$$\begin{bmatrix}\dot{I}_{rj(1)}^{f(1)}\\ \dot{I}_{rj(2)}^{(1)}\\ \dot{I}_{rj(0)}^{(1)}\end{bmatrix}=\begin{bmatrix}\dfrac{\dot{U}_{r(1)}^{f(1)}-\dot{U}_{j(1)}^{f(1)}}{z_{rj(1)}}\\ \dfrac{\dot{U}_{r(2)}^{(1)}-\dot{U}_{j(2)}^{(1)}}{z_{rj(2)}}\\ \dfrac{\dot{U}_{r(0)}^{(1)}-\dot{U}_{j(0)}^{(1)}}{z_{rj(0)}}\end{bmatrix}=\begin{bmatrix}\dfrac{Z_{rf(1)}-Z_{jf(1)}}{z_{rj(1)}}\\ \dfrac{Z_{rj(2)}-Z_{jf(2)}}{z_{rj(2)}}\\ \dfrac{Z_{rf(0)}-Z_{jf(0)}}{z_{rj(0)}}\end{bmatrix}\dot{I}_{p(1)}^{(1)} \tag{4-41}$$

点 f、t 两相断开时，任意节点 r 的序电压故障分量与任意支路 $r-j$ 序电流的故障分量分别为

$$\begin{bmatrix} \dot{U}_{r(1)}^{f(2^\circ)} \\ \dot{U}_{r(2)}^{(2^\circ)} \\ \dot{U}_{r(0)}^{(2^\circ)} \end{bmatrix} = \begin{bmatrix} Z'_{rf(1)} - Z'_{rt(1)} \\ Z'_{rf(2)} - Z'_{rt(2)} \\ Z'_{rf(0)} - Z'_{rt(0)} \end{bmatrix} \dot{I}_{p(1)}^{(2^\circ)} \tag{4-42}$$

$$\begin{bmatrix} \dot{I}_{rj(1)}^{f(2^\circ)} \\ \dot{I}_{rj(2)}^{(2^\circ)} \\ \dot{I}_{rj(0)}^{(2^\circ)} \end{bmatrix} = \begin{bmatrix} \dfrac{\dot{U}_{r(1)}^{f(2^\circ)} - \dot{U}_{j(1)}^{f(2^\circ)}}{z_{rj(1)}} \\ \dfrac{\dot{U}_{r(2)}^{(2^\circ)} - \dot{U}_{j(2)}^{(2^\circ)}}{z_{rj(2)}} \\ \dfrac{\dot{U}_{r(0)}^{(2^\circ)} - \dot{U}_{j(0)}^{(2^\circ)}}{z_{rj(0)}} \end{bmatrix} = \begin{bmatrix} \dfrac{Z'_{rf(1)} + Z'_{jt(1)} - Z'_{rt(s)} - Z'_{jf(1)}}{z_{rj(1)}} \\ \dfrac{Z'_{rf(2)} + Z'_{jt(2)} - Z'_{rt(2)} - Z'_{jf(2)}}{z_{rj(2)}} \\ \dfrac{Z'_{rf(0)} + Z'_{jt(0)} - Z'_{rt(0)} - Z'_{jf(0)}}{z_{rj(0)}} \end{bmatrix} \dot{I}_{p(1)}^{(2^\circ)} \tag{4-43}$$

显然，由于负序网与正序网阻抗参数相同，所以上述故障时，节点正序电压的故障分量与该节点的负序电压相等；支路正序电流的故障分量与该支路的负序电流相等。因此，只需计算它们的负序分量即可。

根据式（4-36）及线性网络特性，可得同一短路故障位置的其他任意第 n 类型短路故障时的节点序电压故障分量、支路电流的故障分量分别为

$$\begin{bmatrix} \dot{U}_{r(1)}^{f(n)} \\ \dot{U}_{r(2)}^{(n)} \\ \dot{U}_{r(0)}^{(n)} \end{bmatrix} = \begin{bmatrix} k_{(1)}^{(n)} \dot{U}_{r(1)}^{f(1)} \\ k_{(2)}^{(n)} \dot{U}_{r(2)}^{(1)} \\ k_{(0)}^{(n)} \dot{U}_{r(0)}^{(1)} \end{bmatrix} \tag{4-44}$$

$$\begin{bmatrix} \dot{I}_{rj(1)}^{f(n)} \\ \dot{I}_{rj(2)}^{(n)} \\ \dot{I}_{rj(0)}^{(n)} \end{bmatrix} = \begin{bmatrix} k_{(1)}^{(n)} \dot{I}_{rj(1)}^{f(1)} \\ k_{(2)}^{(n)} \dot{I}_{rj(2)}^{(1)} \\ k_{(0)}^{(n)} \dot{I}_{rj(0)}^{(1)} \end{bmatrix} \tag{4-45}$$

由于正序网与负序网的阻抗参数相同，所以第 n 种短路故障类型时，任意节点 r 的正序电压与 $r-j$ 支路的正序电流为

$$\dot{U}_{r(1)}^{(n)} = \dot{U}^\circ{}_{r(1)} + \dot{U}_{r(1)}^{f(n)} = \dot{U}_{r(1)}^\circ + k_{(1)}^{(n)} \dot{U}_{r(2)}^{(1)} \tag{4-46}$$

$$\dot{I}_{rj(1)}^{(n)} = \dot{I}^\circ{}_{rj(1)} + \dot{I}_{rj(1)}^{f(n)} = \dot{I}_{rj(1)}^\circ + k_{(1)}^{(n)} \dot{I}_{rj(2)}^{(1)} \tag{4-47}$$

其中，正常分量 $\dot{U}_{r(1)}^\circ$、$\dot{I}^\circ{}_{rj(1)}$ 均与故障类型无关。

不难看出，在不计系统元件电阻及负荷电流的短路故障简化计算中，采用上述算法特别有效，因为这时各短路故障口电流的比例系数均为实数，$\dot{U}_{(1)}^\circ = 1$，$\dot{I}_{rj(1)}^\circ = 0$。

同理，对于非对称断相故障可得

$$\begin{bmatrix} \dot{U}_{r(1)}^{f(1^\circ)} \\ \dot{U}_{r(2)}^{(1^\circ)} \\ \dot{U}_{r(0)}^{(1^\circ)} \end{bmatrix} = \begin{bmatrix} k_{(1)}^{(1^\circ)} \dot{U}_{r(1)}^{f(2^\circ)} \\ k_{(2)}^{(1^\circ)} \dot{U}_{r(2)}^{(2^\circ)} \\ k_{(0)}^{(1^\circ)} \dot{U}_{r(0)}^{(2^\circ)} \end{bmatrix} \tag{4-48}$$

$$\begin{pmatrix}\dot{I}_{rj(1)}^{f(1^{\circ})}\\ \dot{I}_{rf(2)}^{(1^{\circ})}\\ \dot{I}_{rj(0)}^{(1^{\circ})}\end{pmatrix}=\begin{pmatrix}k_{(1)}^{(1^{\circ})}\dot{I}_{rj(1)}^{f(2^{\circ})}\\ k_{(2)}^{(1^{\circ})}\dot{I}_{rj(2)}^{(2^{\circ})}\\ k_{(0)}^{(1^{\circ})}\dot{I}_{rj(0)}^{(2^{\circ})}\end{pmatrix} \tag{4-49}$$

$$\dot{U}_{r(1)}^{(1^{\circ})}=\dot{U}_{r(1)}^{\circ}{}'+\dot{U}_{r(1)}^{f(1^{\circ})}=\dot{U}_{r(1)}^{\circ}{}'+k_{(1)}^{(1^{\circ})}\dot{U}_{r(2)}^{(2^{\circ})} \tag{4-50}$$

$$\dot{I}_{rj(1)}^{(1^{\circ})}=\dot{I}_{rj(1)}^{\circ}{}'+\dot{I}_{rj(1)}^{f(1^{\circ})}=\dot{I}_{rj(1)}^{\circ}{}'+k_{(1)}^{(1^{\circ})}\dot{I}_{rj(2)}^{(2^{\circ})} \tag{4-51}$$

【例 4-4】 已知条件同［例 4-1］，使用比例系数法，计算节点①发生各种金属性短路（$z_f=0$）时，其他节点的各序电压和支路的各序电流。

解： 由［例 4-1］和［例 4-3］知

$$\boldsymbol{Z}_{(1)}=\mathrm{j}\begin{pmatrix}0.166423 & 0.020468 & 0.020760 & 0.011696 & 0.008304\\ 0.020468 & 0.030702 & 0.006140 & 0.017544 & 0.002456\\ 0.020760 & 0.006140 & 0.041228 & 0.003509 & 0.016491\\ 0.011696 & 0.017544 & 0.003509 & 0.018596 & 0.001404\\ 0.008304 & 0.002456 & 0.016491 & 0.001404 & 0.018596\end{pmatrix}$$

$$\boldsymbol{Z}_{(0)}=\mathrm{j}\begin{bmatrix}0.044704 & 0.000945 & 0.001289\\ 0.000945 & 0.014434 & 0.000566\\ 0.001289 & 0.000566 & 0.028095\end{bmatrix}$$

$$k_z=\frac{z_{11(0)}}{z_{11(2)}}=\frac{\mathrm{j}0.044704}{\mathrm{j}0.166423}=0.26862$$

根据表 4-3～表 4-8，可得

$$k_{(1)}^{(3)}=2+k_z=2+0.26862=2.26862$$

$$k_{(1)}^{(2)}=1+0.5k_z=1+0.5\times0.26862=1.13431$$

$$k_{(2)}^{(2)}=-k_{(1)}^{(2)}=-1.13431$$

$$k_{(0)}^{(1,1)}=-\frac{2+k_z}{1+2k_z}=-\frac{2+0.26862}{1+2\times0.26862}=-1.47578$$

$$k_{(2)}^{(1,1)}=k_zk_{(0)}^{(1,1)}=-1.47578\times0.26862=-0.39642$$

$$k_{(1)}^{(1,1)}=-\left[k_{(0)}^{(1,1)}+k_{(2)}^{(1,1)}\right]=1.47578+0.39642=1.8722$$

节点①发生单相接地故障时，由［例 4-3］可得

$$\dot{I}_{1(1)}^{f(1)}=\dot{I}_{1(2)}^{f(1)}=\dot{I}_{1(0)}^{f(1)}=\mathrm{j}2.648$$

节点①电压的故障分量为

$$\dot{U}_{1(1)}^{f(1)}=Z_{11(1)}\dot{I}_{1(1)}^{f(1)}=\mathrm{j}0.166423\times\mathrm{j}2.648=-0.441$$

$$\dot{U}_{1(2)}^{f(1)}=Z_{11(2)}\dot{I}_{1(2)}^{f(1)}=\mathrm{j}0.166423\times\mathrm{j}2.648=-0.441$$

$$\dot{U}_{1(0)}^{f(1)}=Z_{11(0)}\dot{I}_{1(0)}^{f(1)}=\mathrm{j}0.044704\times\mathrm{j}2.648=-0.118$$

节点②电压的故障分量为

$$\dot U_{2(1)}^{f(1)}=Z_{12(1)}\dot I_{1(1)}^{f(1)}=1+\text{j}0.020468\times\text{j}2.648=-0.054$$

$$\dot U_{2(2)}^{f(1)}=Z_{12(2)}\dot I_{1(2)}^{f(1)}=\text{j}0.020468\times\text{j}2.648=-0.054$$

$$\dot U_{2(0)}^{f(1)}=Z_{12(0)}\dot I_{1(0)}^{f(1)}=\text{j}0.000945\times\text{j}2.648=-0.002$$

支路①—②电流的各序分量为

$$\dot I_{12(1)}^{f(1)}=\frac{Z_{11(1)}-Z_{12(1)}}{z_{12(1)}}\dot I_{1(1)}^{f(1)}=\text{j}\frac{0.166423-0.020468}{\text{j}0.25}\text{j}2.648=\text{j}1.546$$

$$\dot I_{12(2)}^{f(1)}=\frac{Z_{11(2)}-Z_{12(2)}}{z_{12(2)}}\dot I_{1(2)}^{f(1)}=\text{j}\frac{0.166423-0.020468}{\text{j}0.25}\text{j}2.648=\text{j}1.546$$

$$\dot I_{12(0)}^{f(1)}=\frac{Z_{11(0)}-Z_{12(0)}}{z_{12(0)}}\dot I_{1(0)}^{f(1)}=\text{j}\frac{0.044704-0.000945}{\text{j}0.7}\text{j}2.648=\text{j}0.165$$

根据式（4-44）和式（4-45）可得其他故障时，节点①、②的序电压故障分量与支路①—②电流的故障分量为：

三相短路
$$\begin{bmatrix}\dot U_{1(1)}^{f(3)}\\ \dot U_{2(1)}^{f(3)}\end{bmatrix}=k_{(1)}^{(3)}\begin{bmatrix}\dot U_{1(1)}^{f(1)}\\ \dot U_{2(1)}^{f(1)}\end{bmatrix}=2.26862\begin{pmatrix}-0.441\\-0.054\end{pmatrix}=\begin{pmatrix}-1.00\\-0.12251\end{pmatrix}$$

正序电压
$$\begin{bmatrix}\dot U_{1(1)}^{(3)}\\ \dot U_{2(1)}^{(3)}\end{bmatrix}=\begin{bmatrix}\dot U^{\circ}{}_1\\ \dot U^{\circ}{}_2\end{bmatrix}+\begin{bmatrix}\dot U_{1(1)}^{f(3)}\\ \dot U_{2(1)}^{f(3)}\end{bmatrix}=\begin{pmatrix}0\\0.87749\end{pmatrix}$$

两相间短路
$$\begin{bmatrix}\dot U_{1(1)}^{(2)}\\ \dot U_{2(1)}^{(2)}\end{bmatrix}=-\begin{bmatrix}\dot U_{1(2)}^{(2)}\\ \dot U_{2(2)}^{(2)}\end{bmatrix}=k_{(1)}^{(2)}\begin{bmatrix}\dot U_{1(1)}^{(1)}\\ \dot U_{2(1)}^{(1)}\end{bmatrix}=1.13431\begin{pmatrix}-0.441\\-0.054\end{pmatrix}=\begin{pmatrix}-0.50023\\-0.06125\end{pmatrix}$$

正序电压
$$\begin{bmatrix}\dot U_{1(1)}^{(2)}\\ \dot U_{2(1)}^{(2)}\end{bmatrix}=\begin{bmatrix}\dot U^{\circ}{}_1\\ \dot U^{\circ}{}_2\end{bmatrix}+\begin{bmatrix}\dot U_{1(1)}^{f(2)}\\ \dot U_{2(1)}^{f(2)}\end{bmatrix}=\begin{pmatrix}1-0.50023\\1-0.06125\end{pmatrix}=\begin{pmatrix}0.499977\\0.93875\end{pmatrix}$$

$$\dot I_{12(1)}^{(2)}=\dot I_{12(1)}^{f(2)}=-\dot I_{12(2)}^{f(2)}=k_{(1)}^{(2)}\dot I_{12(1)}^{f(1)}=1.13431\times(\text{j}1.546)=\text{j}1.75364$$

两相接地短路

$$\begin{bmatrix}\dot U_{1(0)}^{f(1,1)}\\ \dot U_{2(0)}^{f(1,1)}\end{bmatrix}=k_{(0)}^{(1,1)}\begin{bmatrix}\dot U_{1(0)}^{f(1)}\\ \dot U_{2(0)}^{f(1)}\end{bmatrix}=-1.47578\begin{pmatrix}-0.118\\-0.002\end{pmatrix}=\begin{pmatrix}0.17414\\0.00295\end{pmatrix}$$

$$\begin{bmatrix}\dot U_{1(2)}^{f(1,1)}\\ \dot U_{2(2)}^{f(1,1)}\end{bmatrix}=k_{(2)}^{(1,1)}\begin{bmatrix}\dot U_{1(2)}^{f(1)}\\ \dot U_{2(2)}^{f(1)}\end{bmatrix}=-0.39642\begin{pmatrix}-0.441\\-0.054\end{pmatrix}=\begin{pmatrix}0.17482\\0.02141\end{pmatrix}$$

$$\begin{bmatrix}\dot U_{1(1)}^{f(1,1)}\\ \dot U_{2(1)}^{f(1,1)}\end{bmatrix}=k_{(1)}^{(1,1)}\begin{bmatrix}\dot U_{1(2)}^{f(1)}\\ \dot U_{2(2)}^{f(1)}\end{bmatrix}=1.8722\begin{pmatrix}-0.441\\-0.054\end{pmatrix}=\begin{pmatrix}-0.82564\\-0.10110\end{pmatrix}$$

正序电压

$$\begin{bmatrix}\dot{U}_{1(1)}^{(1,1)}\\ \dot{U}_{2(1)}^{(1,1)}\end{bmatrix}=\begin{bmatrix}\dot{U}^{\circ}{}_{1}\\ \dot{U}^{\circ}{}_{2}\end{bmatrix}+\begin{bmatrix}\dot{U}_{1(1)}^{f(1,1)}\\ \dot{U}_{2(1)}^{f(1,1)}\end{bmatrix}=\begin{pmatrix}1-0.82564\\ 1-0.10110\end{pmatrix}=\begin{pmatrix}0.17436\\ 0.89800\end{pmatrix}$$

$$\begin{bmatrix}\dot{I}_{12(0)}^{f(1,1)}\\ \dot{I}_{12(2)}^{f(1,1)}\\ \dot{I}_{12(1)}^{f(1,1)}\end{bmatrix}=\begin{bmatrix}k_{(0)}^{(1,1)}\dot{I}_{12(0)}^{f(1)}\\ k_{(2)}^{(1,1)}\dot{I}_{12(2)}^{f(1)}\\ k_{(1)}^{(1,1)}\dot{I}_{12(1)}^{f(1)}\end{bmatrix}=\begin{bmatrix}-1.47578\times(j0.165)\\ -0.39642\times(j1.546)\\ 1.8722\times(j1.546)\end{bmatrix}=\begin{bmatrix}-j0.24350\\ -j0.61286\\ j2.89442\end{bmatrix}$$

上述计算结果与常用算法所得结果相同。

第五节　电力系统短路计算流程图

以上讨论了电力系统短路计算的方法，下面介绍电力系统短路计算程序组成。短路计算程序框图如图 4-7 所示。

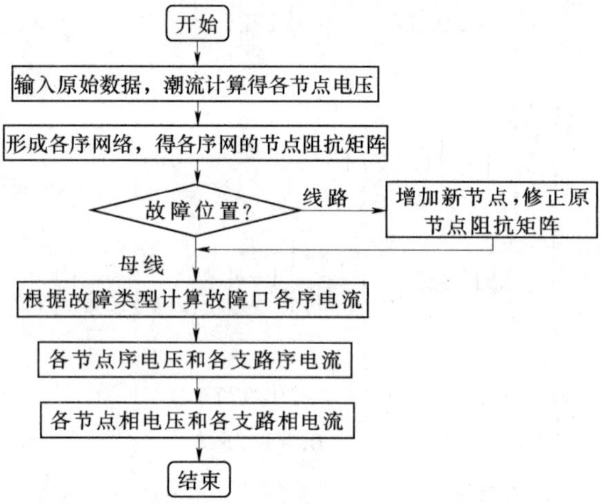

图 4-7　电力系统短路电流计算流程图

原始数据中包含电力系统的各序网的参数（线路、变压器的正序、负序及零序）以及发电机参数（次暂态电抗和负序电抗），故障位置及故障类型等。

根据潮流计算结果得到各节点在系统正常运行下的电压值。

根据各序网的参数及连接关系，得到各序网的节点阻抗矩阵。判断是节点故障还是线路故障，如果是线路故障，根据故障点位置修正原各序节点阻抗矩阵。

根据故障类型，计算故障口的各序电流，进一步计算系统中各节点的序电压和各支路的序电流。最后计算各节点的相电压及各支路的相电流，并输出计算结果。

第五章　电力元件的动态特性及数学模型

电力系统的稳定性与电力元件的动态特性密切相关。为了分析和计算电力系统的静态稳定和暂态稳定性，必须研究电力元件的数学模型。本章主要讨论与电力系统稳定分析有关的发电机组（包括同步发电机、励磁系统、原动机及调速器）和负荷等元件的数学模型。元件的模型是分析整个电力系统的基础，下面将分别介绍各元件的模型。

第一节　同步发电机的实用模型

根据所研究问题的性质和对计算精度的要求，同步发电机的动态特性可采用不同的数学模型：如在简化的稳定计算中，同步发电机可采用较为粗略的 2 阶经典模型；在电力系统仿真软件中，常采用同步发电机的实用模型。

一、5 阶实用模型

当对电力系统暂态稳定分析的精度要求较高时，可采用忽略定子电磁暂态，但计及转子阻尼绕组作用的 5 阶模型，亦即考虑 f 绕组、D 绕组、Q 绕组的电磁暂态以及转子运动的机电暂态。

（1）定子电压方程为

$$\begin{cases} u_d = E''_d + x''_q i_q - r_a i_d \\ u_q = E''_q - x''_d i_d - r_a i_q \end{cases} \tag{5-1}$$

（2）转子 f 绕组动态方程为

$$T'_{d0}\frac{dE'_q}{dt} = E_{fD} - \frac{x_d - x''_d}{x'_d - x''_d}E'_q + \frac{x_d - x'_d}{x_d - x''_d}E''_q \tag{5-2}$$

（3）转子 D 绕组动态方程为

$$T''_{d0}\,pE''_q = E'_q - E''_q - (x'_d - x''_d)i_d \tag{5-3}$$

（4）转子 Q 绕组动态方程为

$$T''_{q0}\,pE''_d = -E''_d + (x_q - x''_q)i_q \tag{5-4}$$

（5）转子运动方程为

$$\begin{cases} T_j\dfrac{d\omega}{dt} = T_m - T_e - D(\omega - 1) \\ \dfrac{d\delta}{dt} = \omega_0(\omega - 1) \end{cases} \tag{5-5}$$

发电机的电磁功率为

$$T_e = E''_q i_q + E''_d i_d - (x''_d - x''_q)i_d i_q \tag{5-6}$$

二、3 阶实用模型

在实用电力系统动态分析中，当只考虑励磁系统动态时，可采用 3 阶模型，由于它简单而又能计算励磁系统动态，因而广泛地应用于精度要求不十分高，但仍需考虑励磁系统动态的电力系统动态分析中，3 阶模型较适用于凸极机。

（1）定子电压方程为

$$\begin{cases} u_d = x_q i_q - r_a i_d \\ u_q = E'_q - x'_d i_d - r_a i_q \end{cases} \tag{5-7}$$

（2）转子 f 绕组动态方程为

$$T'_{d0} \frac{dE'_d}{dt} = E_{fD} - E'_q - (x_d - x'_d) i_d \tag{5-8}$$

（3）转子运动方程为

$$\begin{cases} T_j \dfrac{d\omega}{dt} = T_m - T_e - D(\omega - 1) \\ \dfrac{d\delta}{dt} = \omega_0 (\omega - 1) \end{cases} \tag{5-9}$$

发电机的电磁功率为

$$T_e = E'_q i_q - (x'_d - x_q) i_d i_q \tag{5-10}$$

三、2 阶实用模型

忽略励磁绕组暂态，且忽略发电机的凸极效应，可得：

（1）定子电压方程为

$$\dot{U} = \dot{E}' - (r_a + jx'_d) \dot{I} \tag{5-11}$$

（2）转子运动方程为

$$\begin{cases} T_j \dfrac{d\omega}{dt} = T_m - T_e - D(\omega - 1) \\ \dfrac{d\delta}{dt} = \omega_0 (\omega - 1) \end{cases} \tag{5-12}$$

发电机的电磁功率为

$$T_e = \frac{E'U}{x'_{d\Sigma}} \sin\delta \tag{5-13}$$

式（5-1）～式（5-13）中，E''_d、E''_q分别为 d 轴和 q 轴的次暂态电动势；E'_d、E'_q分别为 d 轴和 q 轴的暂态电动势；u_d、u_q 分别为定子 d 轴和 q 轴电压；i_d、i_q 分别为定子 d 轴和 q 轴电流；x''_d、x''_q分别为 d 轴和 q 轴的次暂态电抗；x'_d、x'_q分别为 d 轴和 q 轴的暂态电抗；x_d、x_q 分别为 d 轴和 q 轴的同步电抗；T''_{d0}、T''_{q0}分别为 d 轴和 q 轴的次暂态时间常数；T'_{d0}为 d 轴的暂态时间常数；r_a 为定子电阻；δ、ω 分别为发电机转子的功角和角速度；T_m 为机械力矩；T_j 为发电机的惯性时间常数；D 为阻尼系数；$\omega_0 = 100\pi$；E_{fD} 为励磁电势。

稳定计算中的 T_j 通常以机组容量 S_{Ge} 为基准，若要换算成系统容量 S_{base} 为基准，需乘以$\frac{S_{Ge}}{S_{base}}$。

第二节　励磁调节系统的数学模型

励磁系统向发电机提供励磁功率，起着调节电压、保持发电机端电压或枢纽点电压恒定的作用，并可控制并列运行发电机的无功功率分配。它对发电机的动态行为有很大影响，可以帮助提高电力系统的稳定极限。特别是电力系统稳定器（Power System Stabilizer，PSS）的引入，增强了系统的电气阻尼。线性最优励磁控制器及非线性励磁控制器也已研究成功，改善了电力系统的稳定性。

励磁系统按理想功率源的不同主要分为三大类：第一类为直流励磁系统，它通过直流励磁机供给发电机励磁功率；第二类为交流励磁系统，它通过交流励磁机及半导体可控或不可控整流供给发电机励磁功率；第三类为静止励磁系统，它从机端或电网经变压器取得功率，经可控整流供给发电机励磁功率，其形式通常为自并励（激）或自复励（激）。

实际电力系统中，励磁系统种类繁多，常用的软件程序中均有多种励磁系统模型可供选择，下面分别列出 5 种典型励磁系统的模型结构。

（1）连续、旋转的直流励磁系统模型（EA）（见图 5－1）。

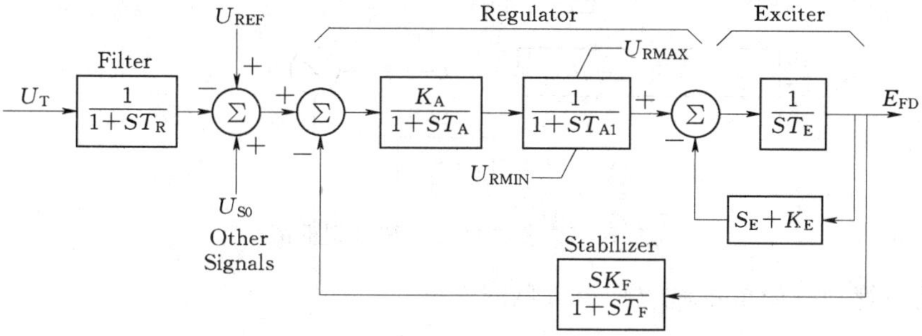

图 5－1　直流励磁系统模型框图

（2）无刷旋转交流励磁系统模型（EB）（见图 5－2）。

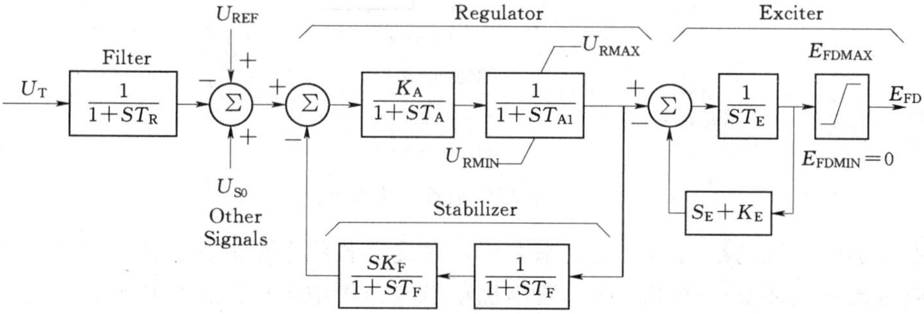

图 5－2　交流励磁系统模型框图

（3）改进型无刷旋转交流励磁系统（EC）（见图 5－3）。

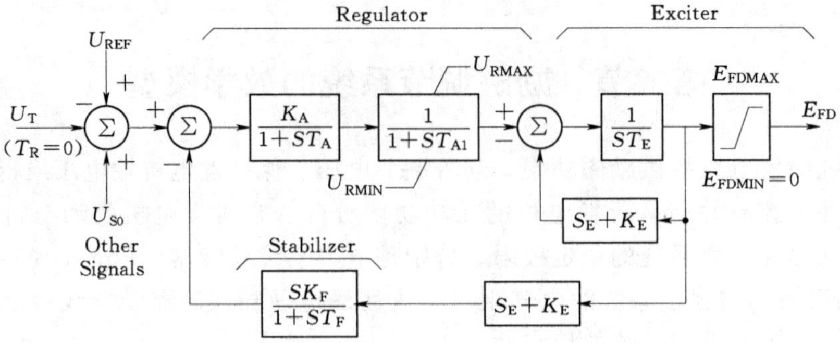

图 5－3　无刷旋转交流励磁系统模型框图

（4）复式励磁系统（ED）（见图 5－4）。

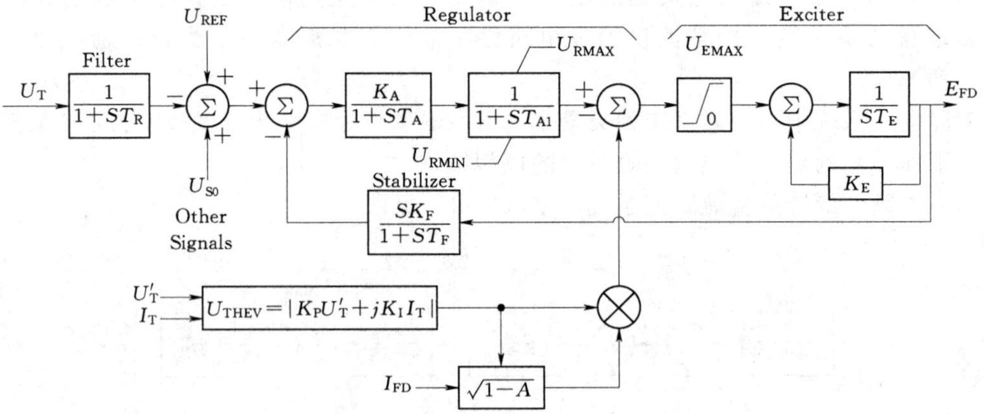

图 5－4　复式励磁系统模型框图

（5）晶闸管励磁调节系统（EG）（见图 5－5）。

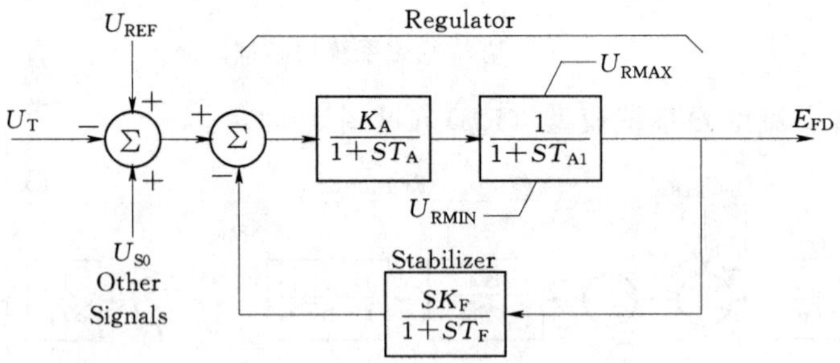

图 5－5　晶闸管励磁系统模型框图

根据各励磁系统的结构列出其状态方程，并确定各状态量的初始值。实际的暂态稳定分析中应考虑限幅环节的作用，而一般小扰动稳定分析中采用线性化模型，可将限幅环节忽略。

第三节　原动机及调速器的数学模型

电力系统中向发电机提供机械功率和机械能的机械装置，如汽轮机、水轮机等统称为原动机，为了控制原动机向发电机输出的机械功率，并保持电网的正常运行频率，以及在各并列运行的发电机之间合理分配负荷，每一台原动机都配置了调速器。调速系统一般通过控制汽轮机的汽门开度或水轮机的导水叶开度来实现功率和频率调节。通过改变调速器的参数及给定值（一般是给定速度或给定功率）可以得到所要求的发电机功率频率调节特性。

一、汽轮机数学模型

汽轮机的数学模型就是指汽轮机汽门开度与输出机械功率间的传递函数。汽轮机是以一定温度和压力的水蒸气为工质的叶轮式发动机，在电力系统分析中均采用简化的汽轮机动态模型，其动态特性只考虑汽门和喷嘴瞬间的蒸汽惯性引起的蒸汽容积效应。蒸汽容积效应可简述如下：当改变汽门开度时，由于汽门和喷嘴间存在一定容积的蒸汽，其蒸汽压力不会立即发生变化，因而输入汽轮机的功率也不会立即发生变化，而有一个时滞，在数学上用一个一阶惯性环节来表示，即

$$P_{\mathrm{m}}=\frac{\mu}{1+Ts} \tag{5-14}$$

式中：μ 为汽门开度；P_{m} 为汽轮机机械功率；均为以发电机额定工况下的相应值为基值的标么值；T 为反映蒸汽容积效应的时间常数。

这里只介绍了一阶汽轮机模型，更详细的汽轮机模型可参阅相关文献。

二、水轮机数学模型

水轮机是以一定压力的水为工质的叶轮式发动机。水轮机模型描写的是水轮机导水叶开度 μ 和输出机械功率 P_{m} 之间的动态关系，电力系统分析中均采用简化的水轮机及其引水管道动态模型，通常只考虑引水管道由于水流惯性引起的水锤效应（又称“水击”）。水锤效应可简述如下：稳态运行时，引水管道中各点的流速一定，管道中各点的水压也一定；当导水叶开度 μ 突然发生变化时，引水管道各点的水压将发生变化，从而输入水轮机的机械功率 P_{m} 也相应变化，即在导水叶突然开大时，会引起流量增大的趋势，反而使水压减小，水轮机瞬时功率不是增大而是突然减小，然后再增加，反之亦然。这一现象称为水锤现象，或水击。引水管道的水击是导致水轮机系统动态特性恶化的重要因素，若进一步假定水轮机及引水管道理想无损，且在额定水位及额定转速下额定运行，则

$$\frac{P_{\mathrm{m}}}{\mu}=\frac{1-T_{\mathrm{w}}s}{1+0.5T_{\mathrm{w}}s} \tag{5-15}$$

式中：μ 为水门开度；P_{m} 为水轮机机械功率；T_{w} 为反映水锤效应时间常数。

三、调速器的数学模型

1. 水轮机调速器的数学模型

水轮机调速器主要有机械调速器和电气液压调速器两类。大型汽轮机的调速器主要有

液压调速器和功频电液调速器两类，后者主要适用于中间再热式汽轮机。电力系统分析中一般采用简化的调速器数学模型，水轮机离心飞摆式调速器的模型如图 5-6（a）所示。传递函数的另一种形式是将测速放大环节 k_δ 移入反馈环节的闭环内部，如图 5-6（b）所示。

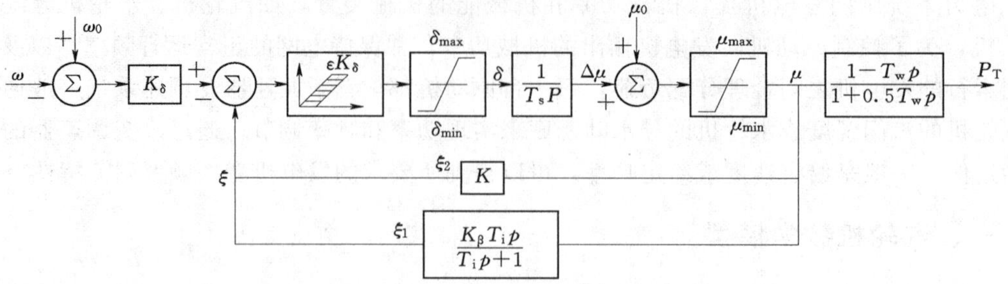

(a)传递函数框图形式之一

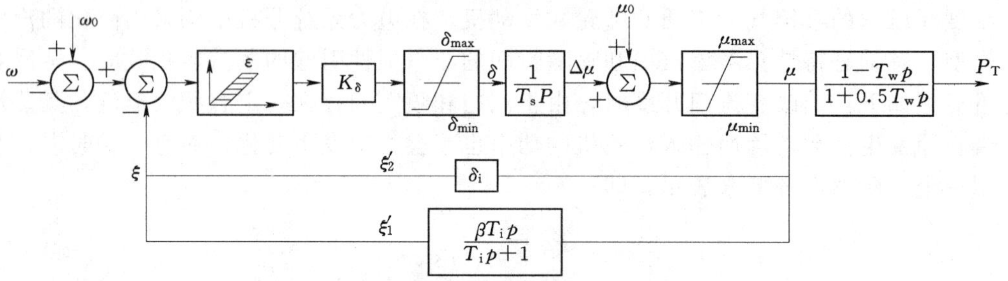

(b)传递函数框图形式之二

图 5-6　水轮机调速器传递函数框图

2. 汽轮机调速器的数学模型

汽轮机调速器有液压调速器和中间再热机组用的工频电液调速器。其中液压调速器又有旋转阻尼液压调速器和高速弹簧液压调速器两种类型。两种液压调速器的基本原理一致，可用同样的数学模型描述，而且汽轮机液压调速器与水轮机调速器的传递函数基本相同，其主要区别在于汽轮机没有软反馈，而硬反馈放大倍数为 1。相应的传递函数如图 5-7（a）所示。同样可把测速放大环节移到反馈环节相应的闭环内部，相应的传递函数如图 5-7（b）所示。

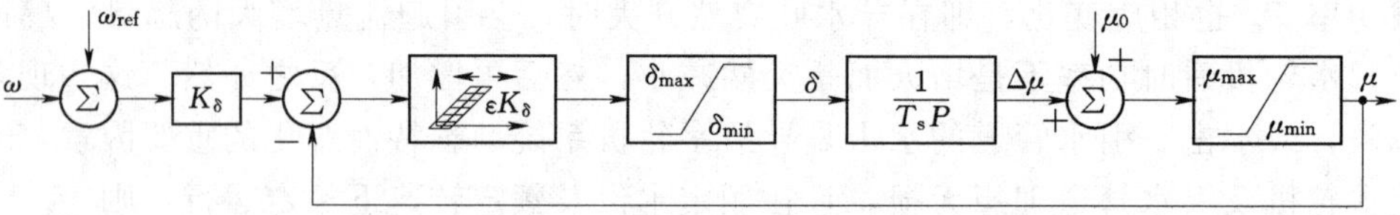

(a)传递函数框图形式之一

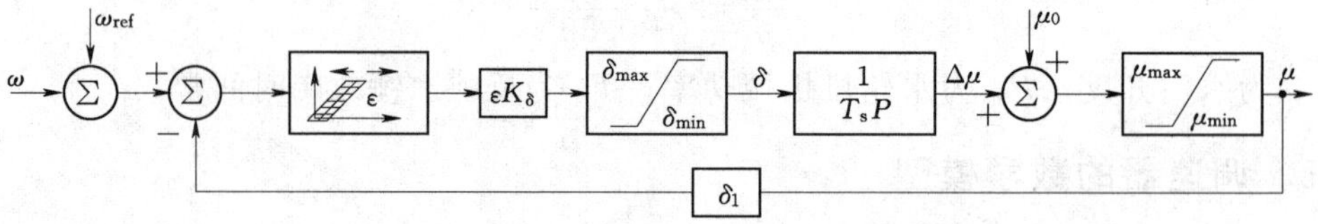

(b)传递函数框图形式之二

图 5-7　汽轮机调速器传递函数框图

第四节　负　荷　模　型

电力负荷是由各种各样的电气设备组成的。由于负荷组成的复杂，给出所有成分的负荷模型非常困难，也没有必要。在电力系统分析中采用的负荷模型可以根据实际系统测试决定，也可以根据用户的用电设备容量及其使用率以及同类用电设备的典型特性综合而成，故又可称为综合负荷模型。

一、静态负荷模型

在稳态条件下，负荷功率与端电压及频率之间的非线性关系称为负荷的静态模型。在电力系统计算、分析与控制中，经常要用到负荷的静态模型。接在同一母线上的综合负荷，当其中各负荷成分的静态特征系数及所占比重统计出以后，即可获得母线上的综合负荷。目前，电力系统软件常采用的两种静态负荷模型如下：

LA 负荷模型

$$\begin{cases} P=P_0\left[P_1\left(\dfrac{U}{U_0}\right)^2+P_2\dfrac{U}{U_0}+P_3+P_4(1+\Delta fL_{DP})\right] \\ Q=Q_0\left[Q_1\left(\dfrac{U}{U_0}\right)^2+Q_2\dfrac{U}{U_0}+Q_3+Q_4(1+\Delta fL_{DQ})\right] \end{cases} \tag{5-16}$$

LB 负荷模型

$$\begin{cases} P=P_0\left[P_1\left(\dfrac{U}{U_0}\right)^2+P_2\dfrac{U}{U_0}+P_3\right](1+\Delta fL_{DP}) \\ Q=Q_0\left[Q_1\left(\dfrac{U}{U_0}\right)^2+Q_2\dfrac{U}{U_0}+Q_3\right](1+\Delta fL_{DQ}) \end{cases} \tag{5-17}$$

式中：P_1、Q_1 分别为恒定阻抗有功负荷及无功负荷的比例；P_2、Q_2 分别为恒定电流有功负荷及无功负荷的比例；P_3、Q_3 分别为恒定功率有功负荷及无功负荷的比例；P_4、Q_4 分别为与频率有关的有功负荷及无功负荷的比例；L_{DP}、L_{DQ}分别为频率变化 1%时引起的有功及无功变化的百分数。

对于 LA 负荷模型，需满足 $P_1+P_2+P_3+P_4=0$、$Q_1+Q_2+Q_3+Q_4=0$；对于 LB 负荷模型，需满足 $P_1+P_2+P_3=0$、$Q_1+Q_2+Q_3=0$。

二、动态负荷模型

电力系统的动态负荷主要成分是感应电动机，因此，通常用感应电动机模型作为负荷动态模型。

常用的负荷动态模型为考虑感应电动机机械暂态过程的负荷动态模型和考虑感应电动机机电暂态过程的负荷动态模型，一般在电力系统电磁暂态分析中考虑感应电动机电磁暂态的负荷动态模型。

1. 感应电动机的机械暂态模型

根据感应电机理论，在只考虑感应电机的机械暂态时，其定子、转子绕组可用准稳态等值电路表示，如图 5－8 所示。

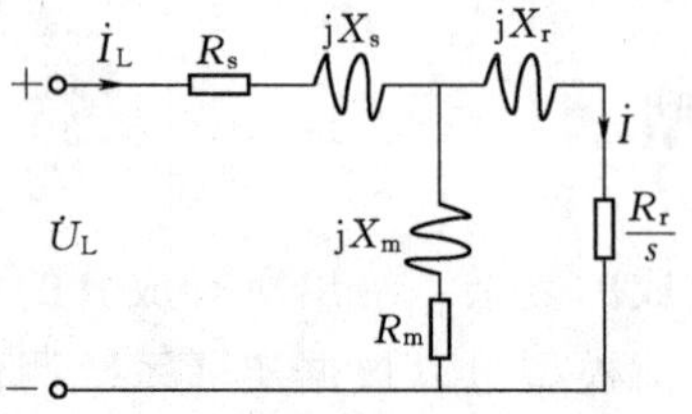

图 5-8　考虑机械暂态时感应电动机的等值电路

R_s、X_s—定子绕组的电阻和漏抗；R_r、X_r—转子绕组的电阻和漏抗；R_m、X_m—铁损等值电阻和定转子互感抗；s—滑差，$s=(\omega_s-\omega_r)/\omega_s$

母线电压$\dot{U}_L$和感应电机电流$\dot{I}_L$之间的关系为

$$\dot{U}_L=\left[R_s+jX_s+\frac{\left(\frac{R_r}{s}+jX_r\right)(R_m+jX_m)}{\frac{R_r}{s}+jX_r+R_m+jX_m}\right]\dot{I}_L \tag{5-18}$$

感应电动机的转子运动方程为

$$T_j\frac{ds}{dt}=T_m-T_e \tag{5-19}$$

$$T_m=(A\omega_r^2+B\omega_r+C)T_0$$

式中：T_m 为电动机机械力矩；电动机电磁功率为

$$P_e=I^2\frac{1-s}{s}R_r$$

2. 感应电动机的机电暂态模型

忽略定子绕组的暂态，考虑转子绕组暂态及转子动态，即为感应电动机的机电暂态模型。

定子电压方程为

$$\dot{U}_L=\dot{E}'+(R_s+jX')\dot{I} \tag{5-20}$$

转子绕组动态方程为

$$\begin{cases}\frac{dE_d'}{dt}=s\omega_sE_q'-\frac{1}{T_0'}[E_d'+(X-X')i_{qs}]\\ \frac{dE_q'}{dt}=-s\omega_sE_d'-\frac{1}{T_0'}[E_q'-(X-X')i_{ds}]\end{cases} \tag{5-21}$$

感应电动机的转子运动方程为

$$T_j\frac{ds}{dt}=T_m-T_e \tag{5-22}$$

上三式中：$X=X_s+X_m$，$X'=X_s+\frac{X_rX_m}{X_r+X_m}$，$T_e=E_d'i_{ds}+E_q'i_{qs}$；$T_0'=\frac{X_m+X_r}{R_r}$。

应当指出，感应电动机机械暂态及机电暂态模型均以负荷母线电压的正序基波为条件计算的。对于母线负序电压及零序电压，感应电机可与同步电机相似，等值为一负序阻抗；当母线电压有零序分量时，一般感应电机三绕组为 Δ 连接或 Y 连接，且中性点不接地，零序电流为零，零序阻抗为无穷大。

第五节　电力系统整体数学模型

电力系统一般由发电机、励磁系统、原动机及调速器、网络和负荷组成，其相互联系如图 5-9 所示。其中，发电机分为两部分，即转子运动方程部分及电磁回路方程部分。

转子运动方程反映了当发电机输入机械功率 P_m 和输出电功率 P_e 不平衡引起发电机转速 ω 和转子角 δ 的变化。发电机转速信号送入调速系统并与参考速度相比较，其偏差值作为调速器的输入量，以控制原动机的输出机械功率 P_m。发电机转子角 δ 则用于进行发电机 dq 坐标下的电量和电网 xy 同步坐标下电量间的接口。发电机的电磁回路方程即发电机定子、转子绕组在 dq 坐标下电压方程，它以励磁系统输出励磁电压 E_{fD} 为输入量，发电机端电压和电流经坐标变换，可跟同步坐标下的网络方程接口，并联立求解。所得的机端电压 U_G 反馈回励磁系统，励磁系统将机端电压和参考电压相比较，以控制发电机励磁电压 E_{fD}，而发电机输出电磁功率 P_e 将影响转子的功率平衡及转子速度和角度的变化。网络一般表示为节点导纳矩阵形式，网络除和发电机相连外，还和负荷相连。图 5－9 画出了实际网络和一台发电机、一个负荷之间的联系。实际电网与多台发电机和负荷相连，通过网络互相联系并相互影响，造成电力系统暂态稳定的复杂性。

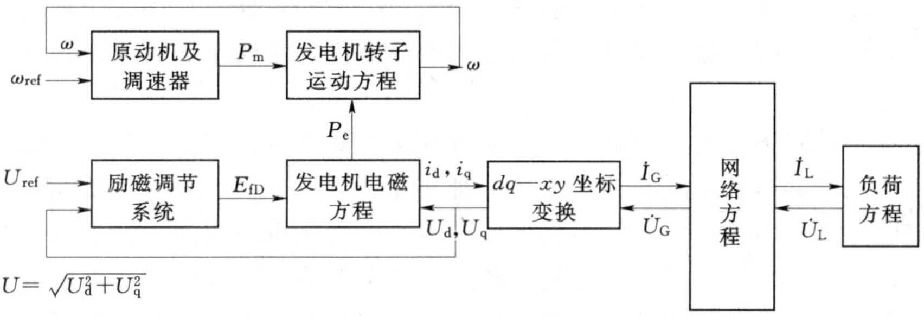

图 5－9　电力系统基本组成部分及相互联系

将发电机及其控制系统数学模型的微分方程组、发电机与系统的连接以及电网模型的代数方程组联立，形成电力系统整体数学模型的微分—代数方程组。通过对该微分—代数方程组的求解，判断电力系统的稳定性。

第六章　简单电力系统的稳定性分析

电力系统的运行条件一般可用三组方程式来描述：一组为微分方程式，用来描述电力系统元件及其控制设备的动态行为；另两组为代数方程式，分别构成电力系统运行的等式和不等式约束条件。其中，等式约束条件指的是电力系统发出的总有功功率和无功功率应随时随刻与电力系统中随机变化着的总有功负荷和无功负荷（包括线损）相等，这是电力系统正常运行的必要条件。另一种所谓的不等式约束条件，表示在系统正常运行条件下涉及系统安全运行的某些参数，如母线电压、线路潮流等，应处于系统或设备安全运行的允许范围之内。

电力系统中各同步发电机只有在同步运行状态下，其送出的电功率为定值，同时在电力系统中各节点的电压及支路的功率潮流也都是定值，这就是电力系统的稳定运行状态。反之，如果电力系统中各发电机间不能保持同步，则发电机送出的电功率和全系统各节点的电压及支路的功率将发生很大幅度的波动。如果不能使电力系统中各发电机间保持同步运行，电力系统将持续地处于失步状态，即电力系统失去稳定的状态。保证电力系统稳定是电力系统正常运行的必要条件。只有在保持电力系统稳定的条件下，电力系统才能不间断地向各类用户提供合乎质量要求的电能。

电力系统失去稳定的原因是在运行中不断受到内部和外界的干扰，小的如负荷波动，大的如电力系统发生短路故障等，使电气上连接在一起的各同步发电机的机械输入转矩与电磁转矩失去平衡，出现各发电机转子不同程度的加速和减速，以及各发电机转子相对功率角（$\delta_{ij}=\delta_i-\delta_j$）的变化。在扰动后，相对功率角或以周期性振荡的形式变化，或以单调形式变化。如果凭借电力系统本身固有的能力和控制设备的作用，使得受扰后的系统恢复到原来运行状态，或达到一个新的稳态运行点，则认为在这种运行方式下电力系统是稳定的。反之，如果这种变化是随时间增大的，以致最后使发电机间失去同步，则认为电力系统是不稳定的。

第一节　电力系统小扰动稳定性分析

小扰动稳定性是指电力系统在小扰动下保持同步的能力。从数学上来说，“小”扰动要视为扰动足够小，使得在系统分析时允许对系统的非线性动态方程线性化；从实际运行上来说，小扰动可以为负荷或发电出力的连续变化。电力系统的小扰动稳定性更深刻的含义是其表征了电力系统的平衡点稳定性。

电力系统的小扰动不稳定的失稳模式有两种：①由于缺乏足够的同步转矩使得发电机之间的转子角以单调非振荡方式持续增加；②由于缺乏足够的阻尼转矩造成转子角增幅

振荡。

设 n 维非线性系统的微分方程为

$$\dot{\boldsymbol{x}}=f(\boldsymbol{x}) \tag{6-1}$$

设 $\boldsymbol{x}=\boldsymbol{x}_0$ 是式（6-1）所示系统的平衡点，将 $f(\boldsymbol{x})$ 在 $\boldsymbol{x}=\boldsymbol{x}_0$ 处泰勒展开，见式（6-2）。

$$\dot{\boldsymbol{x}}+\Delta\dot{\boldsymbol{x}}=f(\boldsymbol{x}_0)+\boldsymbol{A}\Delta\boldsymbol{x}+\frac{1}{2}\begin{bmatrix}\Delta\boldsymbol{x}^{\mathrm{T}}\boldsymbol{H}_1\Delta\boldsymbol{x}\\ \vdots\\ \Delta\boldsymbol{x}^{\mathrm{T}}\boldsymbol{H}_{\mathrm{n}}\Delta\boldsymbol{x}\end{bmatrix}+\cdots+\mathbf{H.O.T.} \tag{6-2}$$

$$\boldsymbol{A}=[a_{\mathrm{ij}}]_{\mathrm{n}\times\mathrm{n}}=\left[\frac{\partial f_{\mathrm{i}}}{\partial x_{\mathrm{j}}}\right]_{\mathrm{n}\times\mathrm{n}}$$

式中：$\boldsymbol{A}$ 为系统在平衡点 $\boldsymbol{x}_0$ 处的雅可比矩阵；$\boldsymbol{H}$ 为系统在平衡点 $\boldsymbol{x}_0$ 处的海森矩阵；H. O. T. 代表泰勒级数 2 阶以上的高次项。

略去二阶及以上的高阶项，即得线性近似系统

$$\Delta\dot{\boldsymbol{x}}=\boldsymbol{A}\Delta\boldsymbol{x} \tag{6-3}$$

根据矩阵 $\boldsymbol{A}$ 的所有特征值分布，判断系统的小扰动稳定性，如图 6-1 所示。如果特征值为正实数，系统的动态模式为非振荡失稳；如果为负实数，动态模式为非振荡稳定；如果特征根为具有正实部的复数，动态模式为振荡型失稳；如果为具有负实部的复数，那么系统的动态模式为振荡型稳定模式。

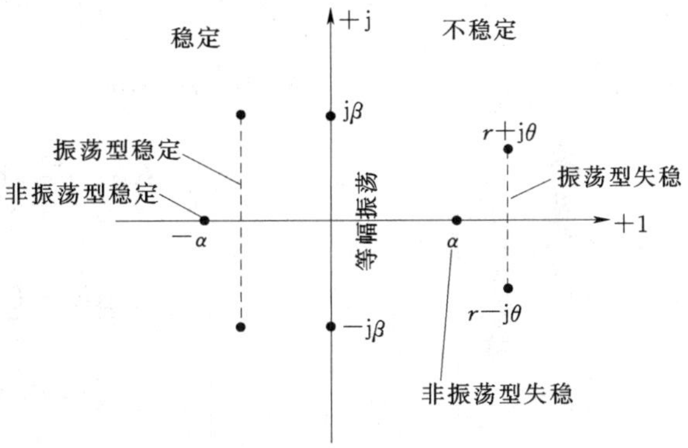

图 6-1　特征值的类型与系统稳定性

设矩阵 $\boldsymbol{A}$ 特征根为 λ_1，λ_2，…，λ_{n}，物理上把一对共轭复根 $\lambda_{\mathrm{i,i+1}}=-\sigma_{\mathrm{i}}\pm \mathrm{j}\omega_{\mathrm{i}}$ 称为一振荡模式，其中 $\zeta_{\mathrm{i}}=\dfrac{\sigma_{\mathrm{i}}}{\sqrt{\sigma_{\mathrm{i}}^2+\omega_{\mathrm{i}}^2}}$ 称为模式 i 的阻尼率，ω_{i} 为振荡角频率。

一、OMIB 系统线性化模型

以图 6-2 所示单机无穷大系统（OMIB）系统为例，发电机采用 3 阶实用模型［见式（5-8）、式（5-9）］，励磁系统动态采用 1 阶模型描述。该 OMIB 系统动态方程在运行点附近线性化可得

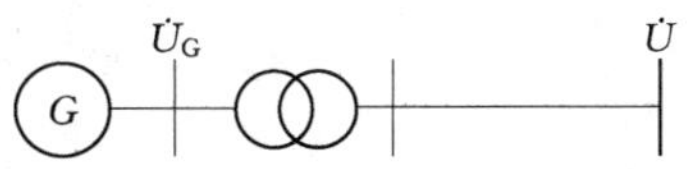

图 6-2　OMIB 系统

$$\begin{cases}T'_{\mathrm{d0}}\dfrac{\mathrm{d}\Delta E'_q}{\mathrm{d}t}=\Delta E_{\mathrm{fD}}-\Delta E'_{\mathrm{q}}-(x_{\mathrm{d}\Sigma}-x'_{\mathrm{d}\Sigma})\Delta i_{\mathrm{d}}\\ T_{\mathrm{j}}\dfrac{\mathrm{d}\Delta\omega}{\mathrm{d}t}=\Delta T_{\mathrm{m}}-\Delta T_{\mathrm{e}}\approx-\Delta T_{\mathrm{e}}\\ \dfrac{\mathrm{d}\Delta\delta}{\mathrm{d}t}=\omega_0\Delta\omega\end{cases} \tag{6-4}$$

定子电压方程中忽略电阻，则

$$\begin{cases} u_d = U\cos\delta = x_{q\Sigma} i_q \\ u_q = U\sin\delta = E_q' - x_{d\Sigma}' i_d \end{cases} \tag{6-5}$$

由式（6-5）可得

$$\begin{cases} i_d = \dfrac{E_q' - u_q}{x_{d\Sigma}'} = \dfrac{E_q' - U\cos\delta}{x_{d\Sigma}'} \\ i_q = \dfrac{u_d}{x_{q\Sigma}} = \dfrac{U\sin\delta}{x_{q\Sigma}} \end{cases} \tag{6-6}$$

二、常数 K_1-K_6

将功率方程 $P_e = E_q' i_d - (x_d' - x_q) i_d i_q = \dfrac{E_q' U}{x_{d\Sigma}'}\sin\delta + \dfrac{U^2}{2}\dfrac{x_d' - x_q}{x_{d\Sigma}' x_{q\Sigma}}\sin 2\delta$ 在运行点附近线性化，可得

$$\Delta P_e = \frac{\partial P_e}{\partial \delta}\bigg|_0 \Delta\delta + \frac{\partial P_e}{\partial E_q'}\bigg|_0 \Delta E_q' = K_1\Delta\delta + K_2\Delta E_q' \tag{6-7}$$

$$K_1 = \frac{E_q' U}{x_{d\Sigma}'}\cos\delta_0 + U^2\ \frac{x_d' - x_q}{x_{d\Sigma}' x_{q\Sigma}}\cos 2\delta_0 \tag{6-8}$$

$$K_2 = \frac{U}{x_{d\Sigma}'}\sin\delta_0 \tag{6-9}$$

根据式（6-6）可得

$$\begin{cases} \Delta i_d = \dfrac{\Delta E_q' + U\sin\delta_0\Delta\delta}{x_{d\Sigma}'} \\ \Delta i_q = \dfrac{U\cos\delta_0\Delta\delta}{x_{q\Sigma}} \end{cases} \tag{6-10}$$

将式（6-10）代入式（6-4）可得

$$\begin{aligned} T_{d0}'\frac{\mathrm{d}\Delta E_q'}{\mathrm{d}t} &= \Delta E_{fD} - \Delta E_q' - (x_{d\Sigma} - x_{d\Sigma}')\Delta i_d \\ &= \Delta E_{fD} - \Delta E_q' - (x_{d\Sigma} - x_{d\Sigma}')\frac{\Delta E_q' + U\sin\delta_0\Delta\delta}{x_{d\Sigma}'} \\ &= \Delta E_{fD} - \frac{x_{d\Sigma}}{x_{d\Sigma}'}\Delta E_q' - \frac{x_d - x_d'}{x_{d\Sigma}'}U\sin\delta_0\Delta\delta \\ &= \Delta E_{fD} - \frac{1}{K_3}\Delta E_q' - K_4\Delta\delta \end{aligned} \tag{6-11}$$

其中

$$K_3 = \frac{x_{d\Sigma}'}{x_{d\Sigma}} \tag{6-12}$$

$$K_4 = \frac{x_d - x_d'}{x_{d\Sigma}'}U\sin\delta_0 \tag{6-13}$$

发电机端口电压 $U_G^2 = U_{Gd}^2 + U_{Gq}^2$，将其在运行点附近线性化可得

$$\Delta U_G = \frac{U_{Gd0}}{U_{G0}}\Delta U_{Gd} + \frac{U_{Gq0}}{U_{G0}}\Delta U_{Gq} \tag{6-14}$$

根据定子电压方程 $U_{Gd} = x_q i_q$，$U_{Gq} = E_q' - x_d' i_d$，可得

$$\Delta U_{Gd} = x_q\Delta i_q, \Delta U_{Gq} = \Delta E_q' - x_d'\Delta i_d \tag{6-15}$$

将式（6－10）代入式（6－15）可得

$$\begin{cases}\Delta U_{\rm Gd}=\left(\dfrac{x_{\rm q}}{x_{\rm q\Sigma}}U\cos\delta_0\right)\Delta\delta\\ \Delta U_{\rm Gq}=\Delta E'_{\rm q}-x'_{\rm d}\Delta i_{\rm d}=\dfrac{x_{\rm e}}{x'_{\rm d\Sigma}}\Delta E'_{\rm q}-\dfrac{x'_{\rm d}}{x'_{\rm d\Sigma}}U\sin\delta_0\Delta\delta\end{cases} \tag{6-16}$$

将式（6－16）代入式（6－14）可得

$$\begin{aligned}\Delta U_{\rm G}&=\frac{U_{\rm Gd0}}{U_{\rm G0}}\frac{x_{\rm q}}{x_{\rm q\Sigma}}U\cos\delta_0\Delta\delta+\frac{U_{\rm Gq0}}{U_{\rm G0}}\left(\frac{x_{\rm e}}{x'_{\rm d\Sigma}}\Delta E'_{\rm q}-\frac{x'_{\rm d}}{x'_{\rm d\Sigma}}U\sin\delta_0\Delta\delta\right)\\&=\left(\frac{U_{\rm Gd0}}{U_{\rm G0}}\frac{x_{\rm q}}{x_{\rm q\Sigma}}U\cos\delta_0-\frac{U_{\rm Gq0}}{U_{\rm G0}}\frac{x'_{\rm d}}{x'_{\rm d\Sigma}}U\sin\delta_0\right)\Delta\delta+\frac{U_{\rm Gq0}}{U_{\rm G0}}\frac{x_{\rm e}}{x'_{\rm d\Sigma}}\Delta E'_{\rm q}\\&=K_5\Delta\delta+K_6\Delta E'_{\rm q}\end{aligned} \tag{6-17}$$

其中

$$K_5=\frac{U_{\rm Gd0}}{U_{\rm G0}}\frac{x_{\rm q}}{x_{\rm q\Sigma}}U\cos\delta_0-\frac{U_{\rm Gq0}}{U_{\rm G0}}\frac{x'_{\rm d}}{x'_{\rm d\Sigma}}U\sin\delta_0 \tag{6-18}$$

$$K_6=\frac{U_{\rm Gq0}}{U_{\rm G0}}\frac{x_{\rm e}}{x'_{\rm d\Sigma}} \tag{6-19}$$

励磁系统模型采用简化的一阶惯性环节，见下式

$$\Delta E_{\rm fD}=-\frac{k_{\rm u}}{1+T_{\rm e}p}\Delta U_{\rm G} \tag{6-20}$$

考虑励磁系统模型的 OMIB 系统及传递函数如图 6－3 所示。

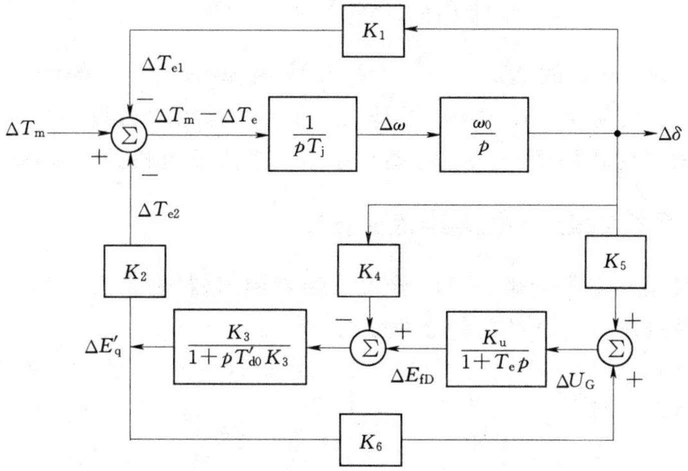

图 6－3　考虑励磁调节环节的 OMIB 系统传递函数

系数 K_1、K_2、K_4、K_5 和 K_6 都是随运行方式变化的常数，K_3 为常数。通常参数 K_1、K_2、K_4 和 K_6 为正，当有功功率大于某一数值时，K_5 却由正值变为负值。

三、振荡过程中的阻尼转矩和整步转矩

由图 6－3 可见，电磁转矩 $\Delta T_{\rm e}$ 可分为两个分量，其中 $\Delta T_{\rm e1}=K_1\Delta\delta$ 为整步转矩，$\Delta T_{\rm e2}$ 则包含整步转矩和阻尼转矩两个分量。

$$\frac{\Delta T_{e2}}{\Delta\delta}=-\frac{K_2K_4(1+T_ep)+K_2K_5K_u}{T'_{d0}T_ep^2+\left(T'_{d0}+\frac{T_e}{K_u}\right)p+\left(\frac{1}{K_3}+K_6K_u\right)} \tag{6-21}$$

一般情况下，由于 T_e 很小，$K_2K_5K_u \gg K_2K_4(1+T_ep)$，有

$$\frac{\Delta T_{e2}}{\Delta\delta}=-\frac{K_2K_5K_u}{T'_{d0}T_ep^2+\left(T'_{d0}+\frac{T_e}{K_u}\right)p+\left(\frac{1}{K_3}+K_6K_u\right)} \tag{6-22}$$

在稳态小振幅振荡时，令 $p=\mathrm{j}h$，便可求出整步转矩系数和阻尼转矩系数为

$$\Delta T_E=-\frac{-K_2K_5K_u\left(\frac{1}{K_3}+K_6K_u-T'_{d0}T_eh^2\right)}{\left(\frac{1}{K_3}+K_6K_u-T'_{d0}T_eh^2\right)^2+\left(T'_{d0}+\frac{T_e}{K_u}\right)^2h^2} \tag{6-23}$$

$$\Delta T_D=\frac{K_2K_5K_u\left(\frac{T_e}{K_u}+T'_{d0}\right)}{\left(\frac{1}{K_3}+K_6K_u-T'_{d0}T_eh^2\right)^2+\left(T'_{d0}+\frac{T_e}{K_u}\right)^2h^2} \tag{6-24}$$

当 T_e、h 均很小时，ΔT_D 可简化为

$$\Delta T_D=\frac{K_2K_5K_uT'_{d0}}{\left(\frac{1}{K_3}+K_6K_u\right)^2+(T'_{d0})^2h^2} \tag{6-25}$$

负荷较轻时，$K_5>0$，故 $\Delta T_E<0$，但由于 K_1 数值较大，总的整步转矩 $\Delta T_s=K_1+\Delta T_E$，仍旧为正。重负荷时，$K_5<0$，于是 $\Delta T_E>0$，但此时 $\Delta T_D<0$。K_u 愈大，整步转矩越大，此时总的阻尼转矩 $D+\Delta T_D$ 可能小于零，引起发电机的增幅振荡。

四、OMIB 系统状态方程及其特征根

上述从阻尼转矩和整步转矩的角度分析了励磁调节器对电力系统静态稳定性的影响，下面进一步利用特征根分析系统的静态稳定性。

联立式（6-4）、式（6-7）、式（6-11）及式（6-20）可得考虑励磁系统的 OMIB 系统模型的状态方程，即

$$\begin{cases}\dfrac{\mathrm{d}\Delta\delta}{\mathrm{d}t}=\omega_0\Delta\omega\\ T_j\dfrac{\mathrm{d}\Delta\omega}{\mathrm{d}t}=\Delta T_m-\Delta T_e\approx-\Delta T_e=-K_1\Delta\delta-K_2\Delta E'_q\\ T'_{d0}\dfrac{\mathrm{d}\Delta E'_q}{\mathrm{d}t}=\Delta E_{fD}-\dfrac{1}{K_3}\Delta E'_q-K_4\Delta\delta\\ \Delta\dot{E}_{fD}=-\dfrac{1}{T_e}\Delta E_{fD}-\dfrac{K_u}{T_e}\Delta U_G=-\dfrac{1}{T_e}\Delta E_{fD}-\dfrac{K_u}{T_e}(K_5\Delta\delta+K_6\Delta E'_q)\end{cases} \tag{6-26}$$

将其写成矩阵形式为

$$\begin{bmatrix}\dfrac{d\Delta\delta}{dt}\\ \dfrac{d\Delta\omega}{dt}\\ \dfrac{d\Delta E_q'}{dt}\\ \dfrac{d\Delta E_{fD}}{dt}\end{bmatrix}=\begin{bmatrix}0 & \omega_0 & 0 & 0\\ -\dfrac{K_1}{T_j} & 0 & -\dfrac{K_2}{T_j} & 0\\ -\dfrac{K_4}{T_{d0}'} & 0 & -\dfrac{K_3}{T_{d0}'} & \dfrac{1}{T_{d0}'}\\ -\dfrac{K_u K_5}{T_e} & 0 & -\dfrac{K_u K_6}{T_e} & -\dfrac{1}{T_e}\end{bmatrix}\begin{bmatrix}\Delta\delta\\ \Delta\omega\\ \Delta E_q'\\ \Delta E_{fD}\end{bmatrix} \tag{6-27}$$

根据系数矩阵计算其特征根，即可判断该 OMIB 系统在平衡点的小扰动稳定性。

【例 6-1】 某单机无穷大系统如图 6-4 所示。同步发电机参数为：$T_j=6s$，$T_{d0}'=7.7s$，$x_d=1.32$，$x_d'=0.3$，$x_q=0.544$，$D=0$；励磁系统 $k_U=50$，$T_e=0.05s$；线路及变压器参数如图 6-4 所示。发电机初始运行状态为：$P_{e0}=220MW$，$\cos\varphi_0=0.98$，$U=115kV$。求系数 $K_1\sim K_6$，并判断该系统的小扰动稳定性。

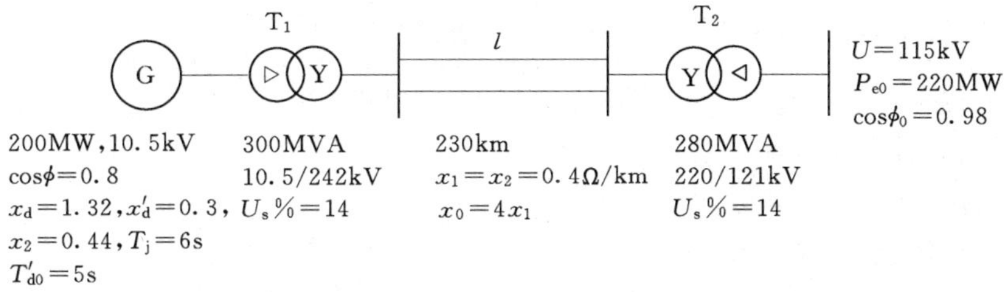

图 6-4　简单电力系统接线图

解：(1) 选取基准值，计算参数。选 $S_B=220MVA$，$U_{B(220)}=209kV$。

归算后，$T_j=6\times\dfrac{300}{220}=8.18(s)$；$T_{d0}'=5\times\dfrac{300}{220}=6.818(s)$。

发电机电抗为

$$x_d=1.32\times\frac{220}{240/0.8}\times\frac{242^2}{209^2}=1.298$$

$$x_q=0.544\times\frac{220}{240/0.8}\times\frac{242^2}{209^2}=0.535$$

$$x_d'=0.3\times\frac{220}{240/0.8}\times\frac{242^2}{209^2}=0.295$$

$$x_2=0.44\times\frac{220}{240/0.8}\times\frac{242^2}{209^2}=0.433$$

变压器 T_1 电抗为

$$x_{T1}=0.14\times\frac{220}{300}\times\frac{242^2}{209^2}=0.138$$

线路电抗为

$$x_l=0.5\times0.42\times230\times\frac{220}{209^2}=0.244$$

变压器 T_2 电抗为

$$x_{T2}=0.14\times\frac{220}{280}\times\frac{220^2}{209^2}=0.122$$

则 $$P_{e0}=1.0,\ Q_{e0}=0.199,\ U=115\times\frac{220}{121}\times\frac{1}{209}=1.00$$

$$x'_{d\Sigma}=0.295+0.138+0.244+0.122=0.799$$

$$x_{q\Sigma}=0.535+0.138+0.244+0.122=1.039$$

（2）求初始值。

$\dot{I}=\frac{P-jQ}{U}=1.0198\angle{-11.3099^\circ}$；$\varphi_0=-11.3099^\circ$

$\dot{E}_Q=U+j\dot{I}x_{q\Sigma}=1.5932\angle{40.7035^\circ}$；$\delta_0=40.7035^\circ$

$U_d=U\sin\delta_0=0.6521$；$U_q=U\cos\delta_0=0.7581$

$i_d=I\sin(\delta_0+\varphi_0)=0.8038$；$i_q=I\cos(\delta_0+\varphi_0)=0.6277$

$E_q=U_q+i_d x_{d\Sigma}=2.2065$

$E'_q=U_q+i_d x'_{d\Sigma}=1.4003$

$\dot{U}_G=U+j\dot{I}x_e=1.2107\angle{24.6006^\circ}$；$\varphi_G=24.6006^\circ$

$U_{Gd}=U_G\sin(\delta_0-\varphi_G)=0.3358$

$U_{Gq}=U_G\cos(\delta_0-\varphi_G)=1.1632$

（3）计算系数 $K_1\sim K_6$。

$$K_1=\frac{E'_qU}{x'_{d\Sigma}}\cos\delta+U^2\frac{x'_d-x_q}{x'_{d\Sigma}x_{q\Sigma}}\cos2\delta=1.1094$$

$$K_2=\frac{U}{x'_{d\Sigma}}\sin\delta=0.8162$$

$$K_3=\frac{x'_{d\Sigma}}{x_{d\Sigma}}=0.4434$$

$$K_4=\frac{x_d-x'_d}{x'_{d\Sigma}}U\sin\delta=0.8186$$

$$K_5=\frac{U_{Gd}}{U_G}\frac{x_q}{x_{q\Sigma}}U\cos\delta_0-\frac{U_{Gq}}{U_G}\frac{x'_d}{x'_{d\Sigma}}U\sin\delta_0=0.1039$$

$$K_6=\frac{U_{Gq}}{U_G}\frac{x_e}{x'_{d\Sigma}}=0.6060$$

（4）求特征根结果。由式（6-27）可得系数矩阵 **A**，进一步计算得出特征根结果，见表 6-1。

表 6-1　　特征根结果

序　号	特征根	频率（Hz）	强相关变量
$\lambda_{1,2}$	$-0.2915\pm j6.4085$	1.0199	δ，ω
λ_3	-13.3448	—	E_{fD}
λ_4	-6.4030	—	E'_q

由表 6-1 可以看出，系统有 1 个振荡模式和 2 个衰减模式。振荡模式 $\lambda_{1,2}$ 与状态量 δ、ω 强相关，为机电振荡模式。

（5）求不同线路电抗下的特征根结果，见表 6 - 2。

表 6 - 2　　不同线路电抗下的特征根结果

kx_1	特征根	振荡阻尼率（%）	振荡频率（Hz）
$k=1$	$-0.2915\pm j6.4085$	4.5486	1.0199
$k=2$	$-0.1438\pm j5.9197$	2.4292	0.9421
$k=3$	$-0.0766\pm j5.5707$	1.3751	0.8866
$k=4$	$-0.0440\pm j5.2987$	0.8304	0.8433
$k=5$	$-0.0270\pm j5.0778$	0.5317	0.8082

由表 6 - 2 可见，随着 k 的增大，模式 $\lambda_{1,2}$ 的振荡阻尼率减小，且 k 愈大时，阻尼率愈小。因此远距离送电的电力系统中，易产生增幅振荡事故。

第二节　电力系统暂态稳定性分析的等面积法则

一、电力系统暂态稳定概述

电力系统暂态稳定是指电力系统在某个运行方式下突然受到大的干扰后，能否经过暂态过程达到新的稳态运行状态或者恢复到原来的运行状态。这里所谓的大干扰，是相对于前面所提到的小干扰而言的，一般是指短路故障、突然断开线路或发电机等。如果系统受到大的干扰后仍能达到稳态运行，则系统在这种运行情况下是暂态稳定的。反之，如果系统受到大的干扰后不能再建立稳定运行状态，而是各发电机组转子间一直有相对运动，相对角不断变化，系统的功率、电流和电压都不断振荡，以致整个系统不再能继续运行下去，则称系统在这种运行情况下不能保持暂态稳定。显然，一个系统的暂态稳定性和系统的初始运行方式以及干扰的类型有关，也就是说，同样一个系统在某个运行方式及某种干扰下是暂态稳定的，而在另一个运行方式或另一种干扰下却可能不稳定。因此，在分析电力系统的暂态稳定时，首先必须结合系统的实际情况定出系统的初始运行方式。

电力系统受到大扰动一段时间后，或是逐步趋向稳态运行或是趋向失去同步。这段时间的长短与系统本身的状况有关，有的持续到 1s（如联系紧密的系统），有的则要持续几秒钟甚至几分钟。也就是说，在某些情况下只要分析扰动后 1s 左右的暂态过程就可以判断系统能否保持稳定，而在另一些情况下则必须分析更长的时间。由于在扰动后的不同时间里系统各部分的反应不同，在分析大扰动后的暂态过程时，往往按下面 3 种不同的时间阶段分类：

（1）起始阶段。故障后约 1s 内的时间段。在这期间系统保护和自动装置有一系列的动作，如切除故障线路和重新合闸、切除发电机等。但是在这个时间段中发电机的调节系统还来不及起到明显的作用。

（2）中间阶段。在起始阶段后，大约持续 5s 的时间段。在此期间发电机组的调节系统已发挥作用。

（3）后期阶段。在故障后几分钟时间内，这时热力设备（如锅炉等）中的过程将影响到电力系统的暂态过程。另外，系统中还将发生永久性地切除线路以及由于频率和电压的下降，自动装置切除部分负荷等操作。

本章介绍的电力系统暂态稳定性只涉及前面两个阶段中电力系统的动态行为，时间长达几分钟的过程将涉及更多过程和更深入的讨论，它们已超出了本教材的基本要求。

分析电力系统暂态稳定时要采用一些假定，这里先介绍几个最基本的假定：

(1) 由于发电机组惯性较大，在所研究时间框架内各机组的电角速度相对于同步角速度（314rad/s）的偏离是不大的。所以，在分析系统的暂态稳定时，往往假定在故障后的暂态过程中，电网的频率仍为50Hz。

(2) 突然发生故障后网络中的非周期分量电流。一方面是由于它衰减较快；另一方面，非周期分量电流产生的磁场在空间不动，它和转子绕组电流产生的磁场相互作用将产生以同步频率交变、平均值接近于零的制动转矩。该转矩对发电机的机电暂态过程影响不大，可以略去不计。

根据以上两个假定，网络中的电流、电压只有频率为50Hz的分量，也就是说描述网络的方程仍可以用代数方程。

(3) 当故障为不对称故障时，发电机定子回路中将流过负序电流。负序电流产生的磁场和转子绕组电流的磁场形成的转矩，主要是以两倍同步频率交变的，平均值接近于零的制动转矩。它对发电机也即对电力系统的机电暂态过程也没有明显影响，也可略去不计。如果有零序电流流过发电机，由于零序电流在转子空间的合成磁场为零，它不产生转矩，完全可以略去。这样，以前讨论过的只计及正序分量的电磁功率公式都可以继续应用。

必须强调指出，暂态稳定是研究电力系统受到大扰动后的过程，因此不能像研究静态稳定时那样将状态方程线性化。而且，在暂态过程中往往还同时伴随着系统结构的变化。

电力系统暂态稳定分析目前主要有两种方法，即直接法和时域仿真方法。直接法从系统能量的角度看待稳定性问题，不必计算整个系统的运动轨迹，就可直接判断系统的稳定性，并可给出电力系统的稳定裕度。

二、电力系统暂态稳定性分析的等面积法则

图6-5(a)所示为一简单系统为例，正常运行时，发电机经过变压器和双回线路向无限大系统送电。如果发电机用电动势$\dot{E}'$作为其等值电动势，则电动势$\dot{E}'$与无限大系统间的电抗为

$$x_1=x_d'+x_{T1}+\frac{x_L}{2}+x_{T2} \tag{6-28}$$

此时发电机发出的电磁功率表达式为

$$P_I=\frac{E'U}{x_1}\sin\delta \tag{6-29}$$

如果突然在一回输电线路始端发生不对称短路，如图6-5(b)所示，只需在正序网路的故障点上接一附加电抗（jx_Δ），这个正序增广网络即可用来计算不对称短路时的正序电流及相应的正序功率。附加电抗的大小可根据不对称故障的种类，由故障点等值的负序和零序电抗计算而得。根据发电机励磁回路磁链守恒原理，在故障瞬间暂态电动势E_q'是

不变的，在近似计算中就认为 E' 不变。本来，在故障瞬间以后 E'_q（或 E'）是要衰变的，但是考虑到一方面它本身衰减较慢，另一方面，励磁调节器特别是其中的强行励磁装置的作用，可以近似地认为 E'_q（或 E'）在暂态过程中是常数。综上所述，故障后系统的等值电路如图 6-5（b）所示。这时发电机电动势和无限大系统之间的联系电抗可由图 6-5（b）中的星形网络转化为三角形网络而得

$$x_{\mathrm{II}}=(x'_d+x_{T1})+\left(\frac{x_L}{2}+x_{T2}\right)+\frac{(x'_d+x_{T1})\left(\frac{x_L}{2}+x_{T2}\right)}{x_\Delta} \qquad (6-30)$$

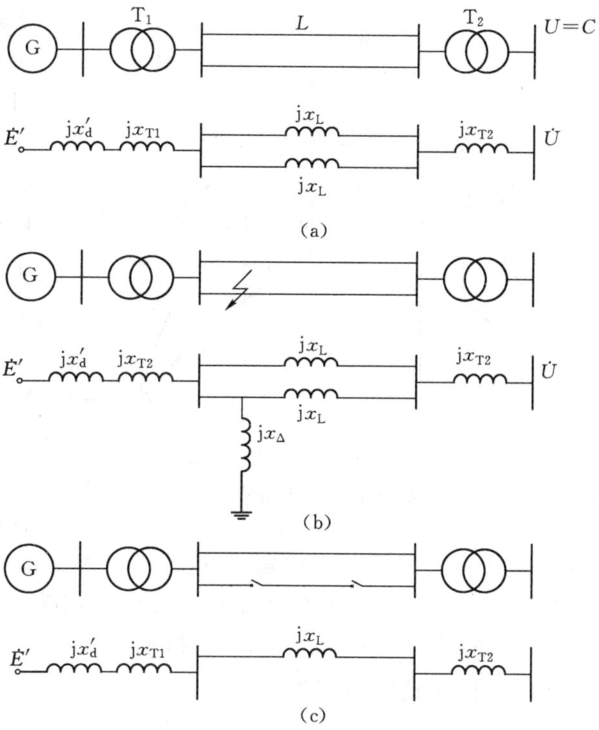

图 6-5　简单电力系统及其等值电路

电抗 x_{II} 大于正常运行时的电抗 x_{I}。如果是三相短路，则 x_Δ 为零，x_{II} 为无限大，即三相短路截断了发电机和系统间的联系。

故障情况下发电机输出的功率为

$$P_{\mathrm{II}}=\frac{E'U}{x_{\mathrm{II}}}\sin\delta \qquad (6-31)$$

三相短路时发电机输出功率为零（忽略了电阻）。

短路故障发生后，线路继电保护装置将迅速地断开故障线路两端的断路器，这时发电机电动势与无限大系统间的联系电抗如图 6-5（c）所示，为

$$x_{\mathrm{III}}=x'_d+x_{T1}+x_L+x_{T2} \qquad (6-32)$$

发电机输出的功率为

$$P_{\mathrm{III}}=\frac{E'U}{x_{\mathrm{III}}}\sin\delta \qquad (6-33)$$

下面将分析系统受到这一大扰动后发电机转子的运动情况。在图 6-6 中画出了发电机在正常运行（Ⅰ）、故障（Ⅱ）和故障切除后（Ⅲ）三种状态下的功率特性曲线。

如果正常时发电机向无限大系统输送的有功功率为 P_{e0}，则原动机输出的机械功率 P_T 等于 P_{e0}。假定不计故障后几秒之内调速器的作用，即认为机械功率始终保持 P_{e0}。图 6-6 中 a 点表示正常运行时发电机的运行点，发生短路后功率特性立即降为 P_{II}。但由于转子的惯性，转子角度不会立即变化，其相对于无限大系统母线 $\dot{U}$ 的角度 δ_0 仍保持不变。因此发电机的运行点由 a 点突然变至 b 点。输出功率显著减少，而原动机机械功率 P_T 不变，故产生较大的过剩功率。故障情况愈严重，P_{II} 功率曲线幅值愈低（三相短路时为

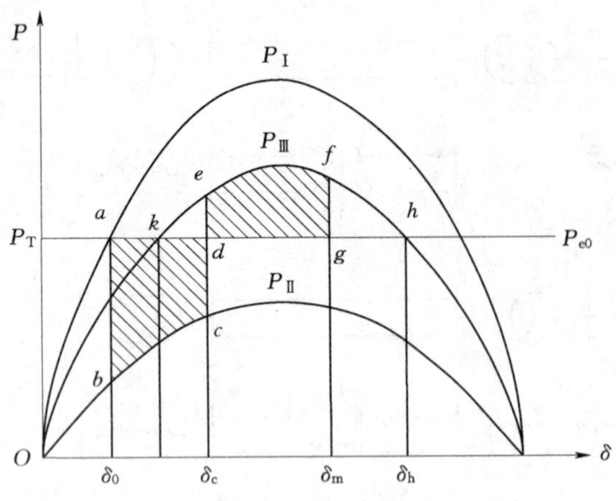

图 6-6　简单系统正常运行、故障和故障切除后的功角曲线

零)，则过剩功率愈大。在过剩转矩的作用下发电机转子将加速，其相对速度（相对于同步转速）和相对角度 δ 逐渐增大，使运行点由 b 点向 c 点移动。如果故障永久存在下去，则始终存在过剩转矩，发电机将不断加速，最终与无限大系统失去同步。实际上，短路后继电保护装置将迅速动作切除故障线路。假设在 c 点时将故障切除，则发电机的功率特性变为 P_{III}，发电机的运行点从 c 点突然变至 e 点（同样由于 δ 不能突变）。

根据图 6-6 分析简单系统暂态稳定性的物理过程，在故障发生后，从起始角 δ_0 到故障切除瞬间所对应的角 δ_c 这段时间里，发电机转子受到过剩转矩的作用而加速。可以证明，过剩转矩（当转速变化不大时近似等于过剩功率）对相对角位移所做的功等于转子在相对运动中动能的增加，现证明如下。

故障后转子运动方程为

$$\frac{T_j}{\omega_0}\frac{d^2\delta}{dt^2}=P_T-P_{\mathrm{II}} \tag{6-34}$$

由于

$$\frac{d^2\delta}{dt^2}=\frac{d}{dt}\left(\frac{d\delta}{dt}\right)=\frac{d\dot{\delta}}{dt}=\frac{d\delta}{dt}\frac{d\dot{\delta}}{d\delta}=\dot{\delta}\frac{d\dot{\delta}}{d\delta} \tag{6-35}$$

式（6-34）代入转子运动方程（6-33）得

$$\frac{T_j}{\omega_0}\dot{\delta}d\dot{\delta}=(P_T-P_{\mathrm{II}})d\delta \tag{6-36}$$

将式（6-36）两边积分得

$$\int_{\delta_0}^{\delta_c}\frac{T_j}{\omega_0}\dot{\delta}d\dot{\delta}=\int_{\delta_0}^{\delta_c}(P_T-P_{\mathrm{II}})d\delta \tag{6-37}$$

得

$$\frac{1}{2}\times\frac{T_j}{\omega_0}(\dot{\delta}_c^2-\dot{\delta}_0^2)=\frac{1}{2}\times\frac{T_j}{\omega_0}\dot{\delta}_c^2=\int_{\delta_0}^{\delta_c}(P_T-P_{\mathrm{II}})d\delta \tag{6-38}$$

式中：$\dot{\delta}_c$ 为角度为 δ_c 时转子的相对角速度；$\dot{\delta}_0$ 为 δ_0 时转子的相对角速度，总是零。式（6-38)左端表示转子在相对运动中动能的增加，右端对应于过剩转矩对相对角位移所做的功。而且右端项即为图 6-6 中 $abcd$ 所包围的面积，故称之为加速面积。

类似地，可以推得故障切除后，转子在制动过程中动能的减少就等于制动转矩所做的功，即有

$$\frac{1}{2}\times\frac{T_j}{\omega_0}(\dot{\delta}^2-\dot{\delta}_c^2)=\int_{\delta_c}^{\delta}(P_T-P_{\mathrm{II}})d\delta \tag{6-39}$$

式中：δ 为减速过程中任意的角度；$\dot{\delta}$为相对于 δ 角的相对角速度。

由图 6-5 可见，当 δ 等于 δ_m 时角速度又恢复到同步角速度，即 $\dot{\delta}_m=0$。式（6-38)

变为：

$$\frac{1}{2}\times\frac{T_{\mathrm{j}}}{\omega_0}(-\dot{\delta}_{\mathrm{c}}^2)=\int_{\delta_{\mathrm{c}}}^{\delta_{\mathrm{m}}}(P_{\mathrm{T}}-P_{\mathrm{II}})\mathrm{d}\delta \tag{6-40}$$

或为

$$\frac{1}{2}\times\frac{T_{\mathrm{j}}}{\omega_0}\dot{\delta}_{\mathrm{c}}^2=\int_{\delta_{\mathrm{c}}}^{\delta_{\mathrm{m}}}(P_{\mathrm{II}}-P_{\mathrm{T}})\mathrm{d}\delta \tag{6-41}$$

式（6－41）左端表示转子减速到 δ_{m} 时动能的减少。右端表示制动转矩所做的功，它对应于图 6－6 中 $defg$ 所包围的面积，称之为减速面积。比较式（6－38）和式（6－41）可以看出，转子在减速过程中动能的减少正好等于加速时动能的增加。并可推得

$$\int_{\delta_0}^{\delta_{\mathrm{c}}}(P_{\mathrm{T}}-P_{\mathrm{II}})\mathrm{d}\delta=\int_{\delta_{\mathrm{c}}}^{\delta_{\mathrm{m}}}(P_{\mathrm{II}}-P_{\mathrm{T}})\mathrm{d}\delta \tag{6-42}$$

式（6－42）即为等面积定则，即当减速面积等于加速面积时，转子角速度恢复到同步速度，δ 达到 δ_{m} 并开始减小。

利用上述的等面积定则，可以决定极限切除角度，即最大可能的 δ_{c}。根据前面的分析可知，为了保持系统的稳定，必须在到达 h 点以前使转子恢复同步速度。极限的情况是正好达到 h 时转子恢复同步速度，这时的切除角度称为极限切除角 δ_{cm}。根据等面积定则有以下关系

$$\int_{\delta_0}^{\delta_{\mathrm{cm}}}(P_{\mathrm{T}}-P_{\mathrm{II}})\mathrm{d}\delta=\int_{\delta_{\mathrm{cm}}}^{\delta_{\mathrm{h}}}(P_{\mathrm{III}}-P_{\mathrm{T}})\mathrm{d}\delta \tag{6-43}$$

即

$$\int_{\delta_0}^{\delta_{\mathrm{cm}}}(P_{\mathrm{T}}-P_{\mathrm{II\,M}}\sin\delta)\mathrm{d}\delta=\int_{\delta_{\mathrm{cm}}}^{\delta_{\mathrm{h}}}(P_{\mathrm{III\,M}}\sin\delta-P_{\mathrm{T}})\mathrm{d}\delta$$

可推得极限切除角为

$$\cos\delta_{\mathrm{cm}}=\frac{P_{\mathrm{T}}(\delta_{\mathrm{h}}-\delta_0)+P_{\mathrm{III\,M}}\cos\delta_{\mathrm{h}}-P_{\mathrm{II\,M}}\cos\delta_0}{P_{\mathrm{III\,M}}-P_{\mathrm{II\,M}}} \tag{6-44}$$

在极限切除角时切除故障线路，已利用了最大可能的减速面积。如果切除角大于极限切除角，就会造成加速面积大于减速面积，暂态过程中运行点就会越过 h 点而使系统失去同步。相反，只要切除角小于极限切除角，系统总是稳定的。但是，求得极限切除角并没有解决实际问题。实际需要知道的是，为保证系统稳定必须在多长时间之内切除故障线路，也就是要知道极限切除角所对应的极限切除时间。要解决这个问题并不困难，只需求出从故障开始到故障切除这段时间内的 δ 随时间变化的曲线，则从此曲线上找到对应于极限切除角的时间即为极限切除时间。这就需要解决转子运动方程的求解问题，将在后面讨论。

由上可见，等面积法用于分析简单系统的暂态稳定。如在图 6－1 的系统中，如果有线路重合闸装置，则断路器断开故障线路后，经过一定时间会重新合闸。重新合闸后有两种情况：一种是短路故障已消除，则系统恢复正常运行；另一种是短路故障依旧存在，断路器再次断开。

【例 6－2】 一简单电力系统的接线如图 6－4 所示。设输电线路某一回线的始端发生两相短路接地，试计算为保持暂态稳定而要求的极限切除角度。

解： 系统参数见［例 6－1］。

（1）计算系统正常运行方式，决定 E' 和 δ_0。此时系统总电抗为

$$x_{1\Sigma}=0.295+0.138+0.243+0.122=0.798$$

发电机的暂态电动势为

$$E'=\sqrt{\left(U+\frac{Q_0x_{1\Sigma}}{U}\right)^2+\left(\frac{P_0x_{1\Sigma}}{U}\right)^2}=\sqrt{(1+0.2\times0.798)^2+0.798^2}=1.41$$

$$\delta_0=\tan^{-1}\frac{0.798}{1+0.2\times0.798}=34.53°$$

（2）故障后的功率特性。由图 6-7（b）所示的负序、零序网络可得故障点的负序、零序等值电抗为

$$x_{2\Sigma}=\frac{(0.432+0.138)\times(0.243+0.122)}{(0.432+0.138)+(0.243+0.122)}=0.222$$

$$x_{0\Sigma}=\frac{0.138\times(0.792+0.122)}{0.138+(0.972+0.122)}=0.123$$

所以加载正序网络故障点上的附加电抗为

$$x_{\Delta}=\frac{0.222\times0.123}{0.222+0.123}=0.079$$

于是故障时等值电路如图 6-7（c）所示，故

$$x_{\rm II}=0.433+0.365+\frac{0.433\times0.365}{0.079}=2.80$$

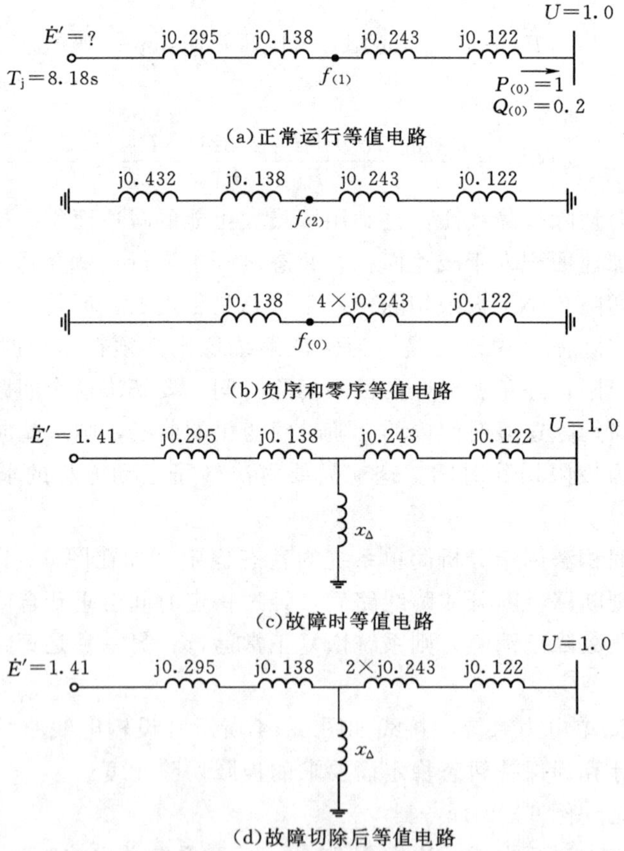

图 6-7 等值电路

所以故障时发电机的最大功率为

$$P_{\mathrm{II}M}=\frac{E'U}{x_{\mathrm{II}}}=\frac{1.41\times1}{2.8}=0.504$$

(3) 故障切除后的功率特性。故障切除后的等值电路如图 6-7 (d) 所示。

$$x_{\mathrm{III}}=0.295+0.138+2\times0.243+0.122=1.041$$

此时最大功率为

$$P_{\mathrm{III}M}=\frac{E'U}{x_{\mathrm{II}}}=\frac{1.41\times1}{1.041}=1.35$$

$$\delta_m=180^\circ-\arcsin\frac{1}{1.35}=132.2^\circ$$

(4) 计算极限切除角。

$$\cos\delta_{cm}=\frac{P_T(\delta_m-\delta_0)+P_{\mathrm{III}M}\cos\delta_m-P_{\mathrm{II}M}\cos\delta_0}{P_{\mathrm{III}M}-P_{\mathrm{II}M}}$$

$$=\frac{1\times\frac{\pi}{180}(132.2-34.53)+1.35\cos132.2^\circ-0.504\cos34.53^\circ}{1.35-0.504}=0.458$$

所以

$$\delta_{cm}=62.7^\circ$$

第三节　电力系统暂态稳定性分析的时域仿真方法

时域仿真方法将电力系统各元件的模型以及网络的连接关系形成全系统模型，即为一组联立的微分—代数方程组，然后以稳态工况或潮流解为初值，求取扰动下系统状态量和代数量随时间的变化曲线，并根据发电机转子的摇摆曲线来判断系统在大扰动下稳定性。

时域仿真方法由于直观，可适用于规模较大的系统，可适应各种不同的元件模型及故障方式，因此得到了广泛的应用。

一、常微分方程的数值解法

电力系统暂态稳定时域分析需要联立微分方程组和代数方程组。所谓求取微分方程组是指在一定初始条件下，求解微分方程的数值解，即对于离散的时间序列 t_0，t_1，…，t_n，逐步求取其状态量 x_0，x_1，…，x_n，故又称逐步积分法。

以一阶常微分方程为例，即

$$\frac{dx}{dt}=f(x,t) \tag{6-45}$$

设初值$x|_{t_0}=x(t_0)$，若取计算步长为 $h=t_n-t_{n-1}$ ($n=1$，2，…)，则 t_1 时刻的 x 的精确解 $x(t_1)$应为

$$x(t_1)=x(t_0)+\int_{t_0}^{t_1}f(x,t)dt \tag{6-46}$$

实际计算时，对积分项作近似处理，从而形成了不同的数值解法。下面将对改进欧拉法及龙格—库塔法做进一步的介绍，便于其在电力系统暂态分析中应用。

1. 改进欧拉法

改进欧拉法在 $t_n \sim t_{n+1}$ 时步的数值积分分预报和校正 2 步进行，其计算步骤如下：

（1）假定在 $t_n \sim t_{n+1}$ 区间内 x 以变化率 $\dot{x}_n$ 增长，则 t_{n+1} 时 x 的初步估计值为

$$x_{n+1}^{(0)} = x_n + f(x_n, t_n)h \tag{6-47}$$

（2）用 $\dot{x}_n$ 和 $\dot{x}_{n+1}^{(0)}$ 的平均数值来计算 t_{n+1} 时的 x 值，即

$$x_{n+1}^{(1)} = x_n + \frac{1}{2}[f(x_n, t_n) + f(x_{n+1}^{(0)}, t_{n+1})]h \tag{6-48}$$

改进欧拉法用于电力系统暂态稳定分析时，通常和求解网络方程相结合，对微分方程和代数方程采用交替求解的方法会产生交接误差。对于电力系统方程有

$$\begin{cases} \dfrac{d\boldsymbol{x}}{dt} = f(\boldsymbol{x}, \boldsymbol{z}, t) \\ g(\boldsymbol{x}, \boldsymbol{z}, t) = 0 \end{cases} \tag{6-49}$$

采用改进欧拉法作 $t_n \sim t_{n+1}$ 时步计算时，前半步作预报，即

$$\boldsymbol{x}_{n+1}^{(0)} = \boldsymbol{x}_n + f(\boldsymbol{x}_n, \boldsymbol{z}_n, t_n)h \tag{6-50}$$

再采用迭代方法求解代数方程 $g(\boldsymbol{x}_{n+1}^{(0)}, \boldsymbol{z}_{n+1}^{(0)}, t_{n+1}) = 0$ 得代数量 $\boldsymbol{z}_{n+1}^{(0)}$，前半步结束。后半步作校正，先计算状态量终值 $\boldsymbol{x}_{n+1} = \boldsymbol{x}_{n+1}^{(0)} + \frac{1}{2}\{f[\boldsymbol{x}_{n+1}^{(0)}, \boldsymbol{z}_{n+1}^{(0)}, t_{n+1}] - f(\boldsymbol{x}_n, \boldsymbol{z}_n, t_n)\}h$，再用迭代法求解代数方程 $g(\boldsymbol{x}_{n+1}, \boldsymbol{z}_{n+1}, \boldsymbol{t}_{n+1}) = 0$，得各代数量的终值，后半步结束。

2. 龙格—库塔法

采用 4 阶龙格—库塔法，其下一个值 y_{n+1} 由当前值 y_n 加上一估算斜率与时间间隔 h 的乘积，见式（6-51），即

$$x_{n+1} = x_n + \frac{h}{6}(k_1 + 2k_2 + 2k_3 + k_4) \tag{6-51}$$

其中

$$\begin{cases} k_1 = f(x_n, t_n) \\ k_2 = f\left(x_n + k_1\dfrac{h}{2}, t_n + \dfrac{h}{2}\right) \\ k_3 = f\left(x_n + k_2\dfrac{h}{2}, t_n + \dfrac{h}{2}\right) \\ k_4 = f(x_n + k_3 h, t_n + h) \end{cases} \tag{6-52}$$

龙格—库塔法用于电力系统暂态稳定分析时，求解方法同改进欧拉法，即将微分方程和代数方程交替求解，得各状态量和代数量随时间的变化轨迹。

二、改进欧拉法的电力系统暂态稳定分析

电力系统暂态稳定分析的主要目的是确定系统受到大扰动后，发电机能否保持同步运行，就首摆稳定而言，仿真时间在 1s 左右；对于第 2 摆及多摆稳定性的判别，仿真时间一般在 3～10s 以内。对于区域互联的大系统，由于区域间转子相对摇摆的周期较长，仿真时间需要更长些。

在精度要求不十分高、仿真时间较短的暂态稳定分析中，常忽略原动机及调速器的动态，认为机械功率恒定；发电机可采用 3 阶或 2 阶实用模型；负荷模型可考虑为电动机机

械暂态的动态负荷和恒阻抗的静态负荷的结合；网络可采用节点导纳方程表示。本节将以单机无穷大系统为例，基于上述模型，采用改进欧拉法求解微分方程，交替求解电力网络方程的电力系统暂态稳定时域仿真方法。

以图 6-2 所示的 OMIB 系统为例，如发电机采用 3 阶实用模型，励磁系统采用一阶惯性环节，该 OMIB 系统的微分方程组为

$$\begin{cases} T_j \dfrac{d\omega}{dt} = T_m - [E'_q i_q - (x'_d - x_q) i_d i_q] - D(\omega - 1) \\ \dfrac{d\delta}{dt} = \omega_0 (\omega - 1) \\ T'_{d0} \dfrac{dE'_q}{dt} = E_{fD} - E'_q - (x_d - x'_d) i_d \\ T_e \dfrac{dE_{fD}}{dt} = -k_u (U_G - U_{ref}) - E_{fD} \end{cases} \tag{6-53}$$

代数方程包括发电机的定子电压方程及机网接口方程，即为

$$\begin{cases} u_d = x_{q\Sigma} i_q \\ u_q = E'_q - x'_{d\Sigma} i_d \\ \dot{U}_G - \dot{U} = jx_e \dot{I} \end{cases} \tag{6-54}$$

$$\dot{U} = u_d + ju_q = 1$$

$$x_{q\Sigma} = x_q + x_e$$

$$x'_{d\Sigma} = x'_d + x_e$$

$$\dot{I} = i_d + ji_q$$

式中：$\dot{U}_G$ 为发电机端电压；$\dot{U}$为无穷大母线电压；x_e 为线路电抗（忽略线路电阻）；$\dot{I}$ 为发电机出口电流。

电力系统暂态稳定仿真步骤如下：

（1）由发电机发出的有功功率、无功功率，计算发电机出口电压和电流的初始值$\dot{U}_{G0}$和$\dot{I}_0$；根据发电机的定子电压方程$\dot{E}_{Q0} = \dot{U}_0 + j\dot{I}_0 x_{q\Sigma}$，求得功角 δ_0；由$\begin{cases} u_{d0} = U_0 \sin\delta_0 \\ u_{q0} = U_0 \cos\delta_0 \end{cases}$，$\begin{cases} i_{d0} = I_0 \sin(\delta_0 + \varphi) \\ u_{q0} = I_0 \cos(\delta_0 + \varphi) \end{cases}$，$\begin{cases} E_{q0} = u_{q0} + i_{d0} x_d \\ E'_{q0} = u_{q0} + i_{d0} x'_d \end{cases}$，求得各初值。

（2）判断系统是否有故障，系统发生故障瞬间，假设各状态量不突变，根据变化后的网络结构，根据代数方程（6-54）重新计算 i_d、i_q、U_G 及 E'_q。

（3）根据改进欧拉法，修正各状态量。

（4）得到 t_{n+1}时刻的各状态量和代数量。

（5）判断系统是否失稳，如失稳，则输出结果；如不失稳，判断仿真时间是否到，若是，则结束；若否，回到步骤 2。

电力系统暂态稳定仿真流程图如图 6-8 所示。

改进欧拉法在电力系统暂态稳定分析软件研究开发的初期曾得到广泛应用，采用微分

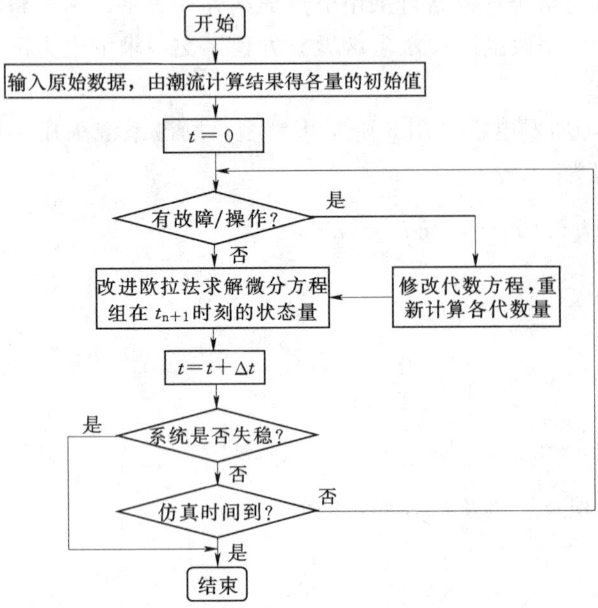

图 6-8　电力系统暂态稳定仿真流程图

方程和代数方程交替求解，编程简单，计算速度快。其缺点是数值稳定性较差，对刚性方程的适应能力差，且微分方程和代数方程交替求解会引入交接误差。因此，现有的电力系统暂态稳定仿真软件中趋于采用隐式梯形积分法进行暂态稳定仿真，以确保数值稳定性，并采用牛顿法联立求解系统的差分方程和代数方程，以避免交接误差。该方法的缺点在于每一步都要形成和求解雅可比矩阵，花费机时多，且编程复杂。

用时域仿真法（逐步积分法）进行电力系统暂态稳定分析的主要优点是：①直观、信息丰富、可获得各变量随时间的变化曲线；②可适应各种元件模型和控制装置模型，可适应各种元件非线性及离散操作，且不受系统规模的约束；③可采用数值稳定性良好、并有良好工程精度的算法；④可作为各种稳定问题及控制对策的时域分析和校验手段等。因此时域仿真法已成为电力系统暂态稳定分析最重要的方法之一。

时域仿真法存在的缺点为：①仿真结果只能得到系统是否稳定或不稳定的结论，不能给出系统的稳定裕度；②对于如低频振荡等问题，只能给出时域信息，无频域信息，不利于控制措施的设计；③只能给出仿真时段内系统是否稳定的信息。

本章只介绍了 OMIB 系统的暂态稳定仿真计算流程，对于多机电力系统的暂态稳定性分析，需计及每台发电机的机网接口方程和网络方程，由于发电机采用 d—q 旋转坐标系，网络方程以 x—y 的同步坐标系，因此需考虑 d—q 坐标与 x—y 坐标的坐标变换，详细过程可参考相关文献。

【例 6-3】 发电机采用经典模型，采用改进欧拉法计算［例 6-2］的 δ—t 曲线（步长 $h=0.05\text{s}$）。

解：（1）计算第一时段末（$t=0.05\text{s}$）的角度。

$$\begin{cases}\dot{\delta}_0=(\omega_0-1)\times 360f=0\\ \dot{\omega}_0=\dfrac{1}{T_j}(P_T-P_{\text{Ⅱ}M}\sin\delta_0)=\dfrac{1}{8.18}(1-0.504\sin 34.53°)=0.0873244\end{cases}$$

第一时段末 δ 和 ω 的变化率为

$$\begin{cases}\delta_1^{(0)}=\delta_0+\dot{\delta}_0 h=34.53°\\ \omega_1^{(0)}=\omega_0+\dot{\omega}_0 h=1+0.0873244\times 0.05=1.0043662\end{cases}$$

第一时段末对应 δ 和 ω 估计值的变化率为

$$\begin{cases}\dot{\delta}_1^{(0)}=(\omega_1^{(0)}-1)\times 360f=(1.0043662-1)\times 360f=78.5916^\circ \\ \dot{\omega}_1^{(0)}=\dfrac{1}{T_j}(P_T-P_{\mathrm{II}M}\sin\delta_1^{(0)})=\dfrac{1}{8.18}(1-0.504\sin 34.53^\circ)=0.0873244\end{cases}$$

第一时段中 δ 和 ω 的平均变化率为

$$\begin{cases}\dot{\delta}_1^{(a)}=\dfrac{1}{2}(\dot{\delta}_0+\dot{\delta}_1^{(0)})=\dfrac{1}{2}(0+78.5916)=39.2958^\circ \\ \dot{\omega}_1^{(a)}=\dfrac{1}{2}(\dot{\omega}_0+\dot{\omega}_1^{(0)})=0.0873244\end{cases}$$

第一时段末 δ 和 ω 的值为

$$\begin{cases}\delta_1=\delta_0+\dot{\delta}_1^{(a)}h=34.53^\circ+39.2958^\circ\times 0.05=36.49479^\circ \\ \omega_1=\omega_0+\dot{\omega}_1^{(a)}h=1+0.0873244\times 0.05=1.0043662\end{cases}$$

（2）计算第二时段末的角度 δ_2。

$$\begin{cases}\dot{\delta}_1=(\omega_1-1)\times 360f=(1.0043662-1)\times 360f=78.5916^\circ \\ \dot{\omega}_1=\dfrac{1}{T_j}(P_T-P_{\mathrm{II}M}\sin\delta_1)=\dfrac{1}{8.18}(1-0.504\sin 36.49479^\circ)=0.08756046\end{cases}$$

$$\begin{cases}\delta_2^{(0)}=\delta_1+\dot{\delta}_1 h=36.49479^\circ+78.5916^\circ\times 0.05=40.42437^\circ \\ \omega_2^{(0)}=\omega_1+\dot{\omega}_1 h=1.0043662+0.0856046\times 0.05=1.0086464\end{cases}$$

$$\begin{cases}\dot{\delta}_2^{(0)}=(\omega_2^{(0)}-1)\times 360f=(1.0086464-1)\times 360f=155.6352^\circ \\ \dot{\omega}_2^{(0)}=\dfrac{1}{T_j}(P_T-P_{\mathrm{II}M}\sin\delta_2^{(0)})=\dfrac{1}{8.18}(1-0.504\sin 40.42437^\circ)=0.0822963\end{cases}$$

$$\begin{cases}\dot{\delta}_2^{(a)}=\dfrac{1}{2}(\dot{\delta}_1+\dot{\delta}_2^{(0)})=\dfrac{1}{2}(78.5916+155.6352)=117.1134^\circ \\ \dot{\omega}_2^{(a)}=\dfrac{1}{2}(\dot{\omega}_1+\dot{\omega}_2^{(0)})=\dfrac{1}{2}(0.0856046+0.0822963)=0.0839504\end{cases}$$

$$\begin{cases}\delta_2=\delta_1+\dot{\delta}_2^{(a)}h=36.49479^\circ+117.1134^\circ\times 0.05=42.35046^\circ \\ \omega_2=\omega_1+\dot{\omega}_2^{(a)}h=1.0043662+0.0839504\times 0.05=1.0085637\end{cases}$$

（3）计算第三时段末的角度 δ_3。

$$\begin{cases}\dot{\delta}_2=(1.0085637-1)\times 360f=154.1466^\circ \\ \dot{\omega}_2=\dfrac{1}{8.18}(1-0.504\sin 42.35046^\circ)=0.0807424\end{cases}$$

$$\begin{cases}\delta_3^{(0)}=42.35046^\circ+154.1466^\circ\times 0.05=50.05779^\circ \\ \omega_3^{(0)}=1.0085637+0.0807424\times 0.05=1.0126008\end{cases}$$

$$\begin{cases}\dot{\delta}_3^{(0)}=(1.0126008-1)\times 360f=226.8144^\circ \\ \dot{\omega}_3^{(0)}=\dfrac{1}{8.18}(1-0.504\sin 50.05779^\circ)=0.0750106\end{cases}$$

$$\begin{cases}\dot{\delta}_3^{(a)}=\frac{1}{2}(154.1466+226.8144)=190.4805^\circ\\ \dot{\omega}_3^{(a)}=\frac{1}{2}(0.0807424+0.0750106)=0.0778765\end{cases}$$

$$\begin{cases}\delta_3=42.35046^\circ+190.4805^\circ\times0.05=51.87448^\circ\\ \omega_3=\omega_2+\dot{\omega}_3^{(a)}h=1.0085637+0.0778765\times0.05=1.0124575\end{cases}$$

按照上述步骤计算，可得发电机的摇摆曲线 $\delta-t$。该例中发电机采用经典模型，如发电机采用考虑励磁的 3 阶模型，则需要根据网络方程修正电磁功率，将代数方程和微分方程交替求解，获得发电机的摇摆曲线 $\delta-t$。

第七章 电力系统仿真软件简介

电力系统仿真软件主要用来进行潮流计算、电磁暂态仿真、机电暂态仿真、控制保护仿真等。这些电力系统仿真软件主要有：①邦纳维尔电力局（Bonneville Power Administration，BPA）开发的 BPA 程序和 EMTP（Electromagnetic Transients Program）程序；②加拿大曼尼托巴水电局（Manitoba HVDC Research Center）开发的 PSCAD/EMTDC（Power System Computer Aided Design / Electromagnetic Transients Program including Direct Current）程序；③德国西门子公司研制的电力系统仿真软件 NETOMAC（Network Torsion Machine Control）；④美国电力技术公司（PTI）开发的 PSS/E；⑤加拿大 Powertech Labs Inc. 开发研制 DSA Power Tools；⑥中国电力科学研究院开发的电力系统分系综合程序（Power System Analysis Software Package，PSASP）；⑦国网电科院稳定所开发的电力系统暂态安全定量分析软件（Fast Anaysis of STability using the Extended equal area criterion and Simulation Technologies，FASTEST）。

第一节 BPA 程 序

BPA 程序是美国联邦政府能源部下属邦纳维尔电力局（BPA）计算方法开发组自 20 世纪 60 年代初期开发的大型电力系统离线分析程序。该程序采用稀疏矩阵技巧的牛顿—拉夫逊法，并将梯形积分法运用于暂态稳定的计算，形成较为稳定的数值解。目前，国内电力系统多数单位所用的 BPA 程序是中国电力科学研究院在美国 BPA 程序 1983 年 9 月版本的基础上，经过消化吸收开发而成的中国版程序，且已在我国电力系统规划设计、调度运行和试验研究等各部门得到了广泛的应用，成为我国电力系统分析计算的重要工具之一。

中国版 BPA2.0 程序采用的基本的解法是：微分方程线性化后用梯形积分法求解，网络方程应用导纳矩阵三角分解后迭代求解。该程序分为潮流程序和稳定程序两部分。

一、BPA 潮流程序

BPA 潮流程序主要用来计算电力系统潮流。程序中的负荷模型包含恒定功率负荷、恒定电流负荷和恒定阻抗负荷模型。可以根据某节点上 P 和 Q 的扰动量，计算系统中各节点灵敏度、线路灵敏度和网损灵敏度值。程序的输出具有内容详细和格式灵活的特点，既可以有选择地列表输出原始数据、计算结果和潮流分析报告，也可以应用单线图格式潮流图形程序及地理接线图格式潮流图形程序输出。

二、BPA 稳定程序

BPA 稳定程序含有 9 种传统励磁模型和 11 种 1981 年 IEEE 提出的新励磁模型，可模拟多种类型的直流型励磁机、交流型励磁机及静态型励磁机，可以进行多端直流的模拟。程序可以在屏幕上输出最大摇摆角，还可以给出对应的发电机名。

BPA 程序主要用来计算潮流和暂态稳定，并在 20 世纪末应用较广，后来随着其他各仿真软件的开发、完善和推广，应用 BPA 进行电力系统分析的科研人员相对减少。

第二节 电磁暂态程序（EMTP）

EMTP 程序主要用于计算电力系统中电磁暂态过程。目前的 EMTP 程序是在原美国邦纳维尔电力局（BPA）编制的电磁暂态程序基础上由 W. Sxott Meyer 等开发完善形成的。现已有许多国家使用该程序进行电力系统各种暂态过程的研究，其中 ATP 程序（Alternative Transients Program）是较为广泛使用的一个版本，ATP - EMTP 可在大多数类型的计算机上运行。到目前为止，在世界上已形成了多个 ATP - EMTP 程序的用户协会，这些用户协会通常按地域划分，主要有加拿大/美国 EMTP 用户协会（CAEUG）、欧洲用户协会（EEUG）、日本用户协会、韩国用户协会以及台湾地区的用户协会等。

我国于 1980 年初在水利电力部计算机办公室的领导下，从美国 BPA 引进了 EMTP 程序，1988 年通过电力部引进了微机版电磁暂态计算程序 ATP。中国电力科学研究院在引进的程序基础上进行了调试、修改以及功能二次开发，并且在全国范围内推广使用，完善了中文使用说明及相关技术资料，编制了人机会话式数据输入程序及 AT P 工作环境软件包，提供了与用户友好的人机界面。

EMTP 由电磁暂态计算程序、辅助支持子程序及绘图功能子程序组成。主要包括磁饱和曲线转换子程序（CONVERT）、变压器阻抗矩阵子程序（XFORMER）、磁滞回线子程序（HYSDAT）、氧化锌避雷器子程序（ARRDAT）、线路参数计算子程序（LINE CONSTANT）、与频率相关的计算子程序（JMARTI SET UP）等。该软件典型应用为计算电力系统在某个扰动（如开关投切或故障）之后感兴趣的变量随时间变化的规律。

EMTP 程序主要功能有：①计算网络的稳态解，也可把此稳态解再作为暂态计算的初始条件；②计算网络中交直流电源频率从 f_{min} 到 f_{max} 以步长 Δf 变化时各个频率下的稳态解，以求得网络频率特性；③计算网络的暂态过程，包括各种电气设备和外来因素引起的暂态过程、由各种故障引起的故障暂态及由系统各种元件参数的相互影响引起的谐振现象、控制系统和一次系统相互影响的暂态过程；④还可计算发电机不同期并网时机组轴系扭动力矩；⑤此外，还可根据需要将计算中得到的各个暂态量在某一时间段进行傅里叶级数分解，得到各次谐波分量。

EMTP 主要应用于：

（1）电力系统电磁暂态计算。电力系统暂态过电压分析、暂态保护装置的综合选择、高压并联电抗器的选择、氧化锌避雷器选择等。

（2）电力系统的谐振过电压计算。计算由于磁饱和元件造成的铁磁谐振问题。

（3）机电暂态计算。汽轮发电机的轴系扭振问题，发电机组的次同步振荡问题等。

第三节　直流电磁暂态计算程序（PSCAD/EMTDC）

为了研究高压直流输电系统，Dennis Woodford 博士于 1976 年在加拿大曼尼托巴水电局（Manitoba Hydro）开发完成了 EMTDC 的初版，随后在曼尼托巴大学（University of Manitoba）创建高压直流输电研究中心（Manitoba HVDC Research Center），多年来该直流输电研究中心在 Dennis Woodford 的领导下不断完善了 EMTDC 的元件模型库和功能，使之发展为既可以研究交直流电力系统问题，又能够完成电力电子仿真及非线性控制的多功能工具（Versatile tool）。特别是 PSCAD 图形界面（GUI）的开发成功，使得用户能更方便地使用 EMTDC 进行电力系统仿真计算，而且该软件可以作为实时数字仿真器（Real Time Digital Simulator，RTDS）的前置（frontend）部分。

PSCAD/ EMTDC 软件的主要功能是进行电力系统时域和频域仿真，还可以进行交流系统的谐波研究、暂态扭矩的分析、直流系统的启动、直流系统换相方法研究、串联或并联的多端输电系统的电磁暂态仿真、同杆架设的交直流电路的相互影响等。EMTDC 程序具有“拍照”功能，可记录下某个时刻系统中工作状态，为重新计算提供正确的条件，可以在此基础上进一步研究系统的暂态过程。

PSCAD/EMTDC 典型应用是计算电力系统遭受扰动或参数变化时参数随时间变化的规律，此外，PSCAD/EMTDC 软件广泛应用于高压直流输电、FACTS 控制器的设计、电力系统谐波分析及电力电子领域的仿真计算。

第四节　NETOMAC 程序

NETOMAC 是德国西门子公司研制的电力系统仿真软件。自 20 世纪 70 年代初期开始，经过多年开发和使用，现在 NETOMAC 程序较为完善，功能很多，在世界各国尤其是欧洲拥有众多用户。

NETOMAC 的主要功能包括：

（1）潮流计算。NETOMAC 除能进行常规三相潮流计算外，还可进行单相潮流计算。计算时可考虑负荷电压特性、变压器分接头、HVDC 及 SVC；亦可进行电感、电容耦合的多相线路潮流计算。

（2）电磁暂态计算和机电暂态计算。电磁暂态计算中的电力网络由微分方程描述，使用梯形积分法求解。机电暂态计算着重研究电机的振荡过程，采用复阻抗描述电网，微分方程描述电机及其励磁系统和调速系统；可用自定义的负荷模型考虑电压、频率特性。该软件在整个仿真计算中，可分时间段采用不同的数学模型。

（3）参数优化。参数辨识和优化是 NETOMAC 程序的一大特色，辨识在频域和时域内都可进行。还可以进行负荷动态等值，能在等式、不等式约束条件下对用户自定义的目标函数进优化。还能对发电机电压调节器的参数进优化，使其具有更好的动态性能指标，甚至还可以解决一些较难优化的数学问题。

(4) 频率响应。NETOMAC 可以计算网络和电机的频率特性。根据频率响应特性，可以为发电机调速系统的设计及脉动转矩影响下柴油发电机的参数设计提供依据，还可计算无源网络的谐波分布。

(5) 模块化的仿真语言。NETOMAC 采用模块化语言模拟发电机励磁系统、原动机调速器、汽轮机等，与控制理论中各种环节的框图相似，控制系统由比例、微分积分、惯性环节等基本模块构成，这种方法被称为面向模块的仿真语言（Block Oriented Simulation Llanguage，BOSL)。

(6) 具有良好的开放性。通过 BOSL 可嵌入用户自己编制的 FORTRAN 语言数学表达式、逻辑表达式和子程序。

德国西门子公司在新产品开发、大型工程项目设计、保护和自动装置测试中均利用该程序设计校验，以保证工程项目的顺利完成。该软件除了常规的电力系统稳态和暂态仿真外，还可以进行特殊情况的仿真，如模拟变压器合闸冲击时的瞬态过电压、饱和/非饱和变压器卸载暂态过程、仿真高压异步电动机启动及退出时出现的电弧重燃引起的过电压、研究机组轴系振荡等。该软件在我国部分高校科研人员中应用。

第五节　PSS/E　程　序

PSS/E 程序是由美国电力技术公司（PTI）开发的电力系统仿真计算的综合性软件，目前在国际上使用极为广泛。PSS/E 程序所允许的仿真规模非常大，利于超大规模系统计算；PSS/E 程序还具有灵活的模型自定义功能，用户可直接参与的交互式计算过程控制；同时 PSS/E 程序鼓励用户在自带程序模块不能满足研究需要时通过编写子程序来实现。

PSS/E 程序可实现潮流计算、动态仿真（包括长过程稳定)、短路计算、优化潮流、电压稳定、线性网络以及小干扰信号分析等功能。其中潮流和稳定计算是最基本的功能，是进行其他分析计算的基础。PSS/E30 软件包主要包括了稳态计算集成程序、动态仿真程序、动态数据绘图程序、10 多个数据转换及 IPLAN 编程小程序。

在潮流计算方法上，PSS/E 程序提供了 5 种方法，即牛顿—拉夫逊法、解耦法（PQ 分解法)、固定斜率的解耦法和高斯—塞德尔法以及改进的高斯—塞德尔法。潮流计算中需要根据实际网络的情况选择适当的计算方法。在电网潮流计算模型方面，PSS/E 程序与 BPA 程序仅在变压器模型上有微小差异。

在短路计算方面，目前我国大型电网中的短路电流计算基本以稳态潮流或经典假设条件为基础，只计算短路电流周期分量起始值，所需原始数据较少，因而计算方便快捷，国内使用的电力系统仿真软件如 PSASP、BPA，其常规短路计算模块都是这种算法。PSS/E 程序除其常规短路电流计算模块外，还提供一种短路电流衰减曲线的计算方法，即 BKDY 模块。BKDY 模块除计算短路电流周期分量外，还能估算短路电流其他指标（短路电流直流分量、短路全电流有效值、短路全电流峰值）的衰减。

在稳定计算方面，PSS/E 程序和 BPA 程序一样同属于机电暂态仿真软件，PSS/E 程序动态仿真对应有两种主要的方式：一种是常规暂态稳定仿真（功能 RUN)；另一种是中长期动态仿真（功能 MRUN）。在数值计算方法上，与 BPA 程序采用隐式梯形积分法不同，PSS/E 程序暂态稳定仿真 RUN 采用改进欧拉法。由于 RUN 所采用的显式积分法的数值稳定性问题，仿真中的步长需要设置得比较小。而 PSS/E 程序中长期动态仿真 MRUN 采用隐式梯形积分法，不存在数值稳定性问题，允许用户选择较大的步长，且允许手动变步长。在动态数据模型方面，PSS/E 程序不仅提供了常规的发电机模型，还提供了通用模型 CGEN1，PSS/E 程序还有丰富的励磁、调速系统、负荷和高压直流模型等，几乎涵盖了目前国际上通用的模型。除此之外，PSS/E 程序还提供了灵活的模型自定义功能，PSS/E 程序丰富的模型库和灵活的自定义模型功能对交直流互联大电网仿真计算是非常有利的。

在 PSS/E 程序中，所有的功能模块都是通过“Activity”来实现的，对“Activity”的调用可以像 DOS 操作那样输入命令来实现，其操作过程基本都是属于问答式的，也可以通过点击菜单化的“Activity”来运行。每一个“Activity”就是一个运算指令，用户需要掌握每个“Activity”的使用细节才能灵活熟练应用，但这也是 PSS/E 程序的独到之处。在其二次开发中，程序的编制都是以“Activity”指令为基本指令来操作仿真器的，而二次开发功能赋予了用户对程序的强大控制能力，使得用户可以根据研究需要进行仿真计算。

第六节　DSA Power Tools 程序

DSA Power Tools 是加拿大 Powertech Labs Inc. 开发研制的基于潮流和稳定计算的电网分析工具集，其核心程序包既可用来进行离线研究，也可和 EMS 系统结合进行在线安全评估。该系统包括 DSA Manager（动态安全评估管理器）、DSA Monitor（动态安全评估监视器）和 DSA Tools（动态安全评估工具）。其中 DSA Manager 提供了一个运行在线 DSA 的平台，利用它可以调用相应程序包来分析实时系统断面；DSA Monitor 为该系统的客户端，实时接收并显示 DSA Manager 发送的电网安全状态信息；DSA Tools 是一个涵盖了所有 DSA 核心算法的离线分析工具集，包括 PSAT（Power System Analysis Tool 电力系统分析工具）、VSAT（Voltage Security Assessment Tool 电压安全评估工具）、TSAT（Transient Security Assessment Tool 暂态安全评估工具）和 SSAT（Small Signal Analysis Tool 小干扰分析工具）。DSA 支持 IEEE、PTI PSS/E、BPA 等多种数据格式、配置有丰富的元件模型库和强大的拥护自定义模型功能。

PAST 提供有强大的图形化潮流计算和短路分析引擎，内置有牛顿—拉夫逊法及 Fast Decoupled XB/BX 潮流算法，使用于交流系统、交直流混合系统及多种 FACTS 元件系统的潮流及短路分析。

VSAT 是市场环境进行电力系统电压安全评估时候的有力工具。系统以潮流方法为基础，辅以快速时域仿真引擎，可进行电压安全评估、传输功率极限分析及电压安全教正辅助决策分析。

TSAT 由 Powertch Labs 和南京自动化研究院联合开发，内置快速故障扫描及全时域仿真引擎，提供包括临界切除时间、阻尼系数、暂态电压/频率便移等多种安全性指标。

适用于大型复杂电力系统的离线/在线暂态安全综合分析。

SSAT 基于线性化系统模型，内置 QR、Armoldi 和改进 AESOPS 等多种特性值算法，可实现特性根灵敏度、根轨迹振荡模型分析等多种计算功能，使用于大型复杂电力系统的信号稳定及低频振荡分析。

第七节 电力系统分析综合程序（PSASP）

电力系统分析综合程序是一套具有高度集成性、开放性和自主知识产权的大型软件包。PSASP 与 Excel、AutoCAD、MATLAB 等通用的软件包分析工具有方便的接口，可充分利用其他软件包的资源。该软件在我国高校研究人员和电力系统现场都有广泛应用。

PSASP 结构分为三层：第一层是公用数据和模型的资源库，其中包括电网基础库、固定模型库、用户自定义模型库和用户程序库等；第二层是基于资源库的应用程序包，包括稳态分析、故障分析、机电暂态分析和暂态稳定计算；第三层是计算结果库和分析工具，软件进行各种分析计算后，生成的结果数据以多种形式输出或转换为 Excel、AutoCAD、MATLAB 等其他数据格式。

PSASP 的功能主要有稳态分析、故障分析和机电暂态分析。稳态分析包括潮流分析、网损分析、最优潮流和无功优化、静态安全分析、谐波分析和静态等值等。故障分析包括短路计算、复杂故障计算及继电保护整定计算。机电暂态分析包括暂态稳定计算、电压稳定计算、控制参数优化等。

第八节 电力系统暂态安全定量分析软件（FASTEST）

电力系统暂态安全定量分析软件（FASTEST）是国网电科院开发的新一代电力系统计算分析软件包。该软件包在电力系统潮流计算和暂态安全分析的基础上，能够全面地快速定量评估电网的暂态功角稳定性、暂态电压安全性和暂态频率安全性，可以满足在线动态安全分析的要求。

在暂态功角稳定分析方面，采用 EEAC 算法得到暂态功角稳定裕度；在暂态电压安全方面，除考虑动态负荷的暂态稳定性外，还采用一组二元表来描述不同母线对暂态电压跌落可接受性的要求，进而将感应电动机负荷的暂态电压稳定性的定量分析与暂态电压跌落可接受性的定量分析这两者有机结合在一起。

FASTEST 中采用一组频率二元表来描述暂态频率偏移可接受性要求，进而给出定量评估暂态频率偏移可接受性的裕度指标。

FASTEST 的定量分析功能主要体现在裕度计算、极限计算（发电机极限、负荷极限、联络线极限、无功补偿极限、故障临界切除时间等）和低频低压减载装置的参数协调优化整定计算。此外，FASTEST 的功能还包括中长期电压稳定仿真计算、单线图编辑、地理位置接线图编辑等。

作为 FASTEST 的一个可选项，最优紧急控制策略搜索工具能够在给定的典型方式下，根据事先设定的电网关键线路潮流、预想故障集和候选控制措施的代价，全面、快速、自动计算出每一个预想故障的暂稳控制量和热稳控制量及其稳定裕度，搜索出最佳控制策略，形成全网的控制策略表供电力系统技术人员分析及决策。

随着计算机通信技术、网络技术、数据库技术、面向对象技术、Internet 技术以及软件标准化技术的飞速发展，电力系统仿真软件将向网络化、专业化、实时化和具有更高的开放性、可移植性和可扩展性方向发展。电力系统仿真软件也将逐步向电磁暂态与机电暂态混合仿真，全过程动态仿真和大规模实时仿真系统方向发展。

附录 部 分 代 码

附录一 数据文件说明及代码

一、数据文件的格式说明

数据文件的格式说明见附表 1－1 和附表 1－2。

附表 1－1 母线和发电机数据格式说明

Bus data			Generator Data		
1	bus_i	节点号	1	bus number	节点号
2	Type	节点类型：1，PQ 节点； 2，PV 节点；3，参考节点	2	Pg	有功输出（MW）
3	Pd	有功负荷（MW）	3	Qg	无功输出（Mvar）
4	Qd	无功负荷（Mvar）	4	Qmax	最大无功输出（Mvar）
5	Gs	并联电阻（额定电压下）（MW）	5	Qmax	最小无功输出（Mvar）
6	Bs	并联电容（额定电压下）（Mvar）	6	Vg	电压设定值（p. u.）
7	Vm	电压幅值（p. u.）	7	mBase	发电机视在功率
8	Va	电压角度	8	status	运行状态：1，运行；2，停运
9	baseKV	基准电压（kV）	9	Pmax	最大有功输出（p. u.）
10	maxVm	最大电压幅值（p. u.）	10	Pmin	最小有功输出（p. u.）
11	minVm	最小电压幅值（p. u.）			

附表 1－2 支路数据格式说明

Branch Data		
1	f	首节点
2	t	末节点
3	r	电阻（p. u.）
4	x	电抗（p. u.）
5	b	线路总的充电电容（p. u.）
6	ratio（0：表示线路）	变压器变比：阻抗放在末节点侧；变比为 ratio＝Vf/Vt，
7	angle	移相变压器的移相角
8	Initial branch status	1：运行；0：停运

二、2 机 5 节点系统的数据文件子函数

```
function[baseMVA,bus,gen,branch]=case2g5n
%case2g5n Power flow data for 2 gen,5 bus
%%----- Power Flow Data -----%%
baseMVA=100;          %% system MVA base
```

```
%% 母线数据
  %    bus_i  type  Pd   Qd   Gs  Bs  Vm  Va  baseKV  Vmax  Vmin
bus= [
         1     1    160  80   0   0   1   0   100     1.1   0.9;
         2     1    200  100  0   0   1   0   100     1.1   0.9;
         3     1    370  130  0   0   1   0   100     1.1   0.9;
         4     2    0    0    0   0   1   0   100     1.1   0.9;
         5     3    0    0    0   0   1   0   100     1.1   0.9;
];
%%  发电机数据
  %    bus  Pg   Qg  Qmax  Qmin   Vg    mBase  status  Pmax  Pmin
gen=[
        4   500  0   9999  -9999  1.05  100    1       1000  0;
        5   257  0   9999  -9999  1.05  100    1       1000  0;
];

%%  支路数据
   %     fbus  tbus  r     x      b     ratio  angle  status
branch=[
          2     1    0.04  0.25   0.25  0      0      1;
          3     1    0.1   0.35   0     0      0      1;
          3     2    0.08  0.3    0.25  0      0      1;
          3     5    0.0   0.03   0     1.05   0      1;
          2     4    0.0   0.015  0     1.05   0      1;
];
return;
```

附录二　形成节点导纳矩阵代码

```
    function[Ybus,Yf, Yt]=Y_form(baseMVA,bus,branch)

j = sqrt(-1);
nb = size(bus, 1);                  %---节点数
nl = size(branch, 1);               %--- 线路数

%-----------------------支路导纳-----------------------%
Ys = 1 ./ (branch(:,3) + j * branch(:, 4));     %% series admittance
Bc = 1 . * branch(:, 5);                            %% line charging susceptance
Ytt = Ys + j * Bc;

tap = ones(nl, 1);                                  %% default tap ratio = 1
i = find(branch(:, 6));                         %% indices of non-zero tap ratios
tap(i) = branch(i, 6);                          %% assign non-zero tap ratios
Yff = Ytt ./ (tap . * conj(tap));
```

```
Yft = - Ys ./ conj(tap);
Ytf = - Ys ./ tap;

%------------------------计及节点并联导纳------------------------%
Ysh = (bus(:, 5) + j * bus(:, 6)) / baseMVA;
%
%------------------------建立节点导纳矩阵------------------------%
f = branch(:, 1);                            %-------首节点
t = branch(:, 2);                            %-------末节点
Cf = sparse(f, 1:nl, ones(nl, 1), nb, nl);  %-------首节点支路连接矩阵
Ct = sparse(t, 1:nl, ones(nl, 1), nb, nl);  %-------末节点的支路连接矩阵
Ybus = spdiags(Ysh, 0, nb, nb) + ...         %-------并联导纳
    Cf * spdiags(Yff, 0, nl, nl) * Cf' + ... %% 首节点对角元
    Cf * spdiags(Yft, 0, nl, nl) * Ct' + ... %% 非对角元
    Ct * spdiags(Ytf, 0, nl, nl) * Cf' + ... %% 非对角元
    Ct * spdiags(Ytt, 0, nl, nl) * Ct';      %% 末节点对角元

if nargout > 1
    i = [[1:nl]'; [1:nl]'];          %% double set of row indices
    Yf = sparse(i, [f; t], [Yff; Yft], nl, nb);
    Yt = sparse(i, [f; t], [Ytf; Ytt], nl, nb);
end

return;
```

附录三 形成节点阻抗矩阵代码

一、三角分解形成节点阻抗矩阵

```
    function[Z]=myinver(Ybus)

%-------------------------------------------------------------%
%----对矩阵Ybus实现LU分解,其中L为单位下三角矩阵,U为上三角矩阵-%
%------通过前推回代过程求得Ybus矩阵的逆--------%

%--------------------LU分解------------------%
[n,m]=size(Ybus);

if n~=m     %要求所分解的矩阵是方阵;否则停止计算,并输出出错信息
  error('The rows and columns of matrix A must be equal!');
  return;
end

L=eye(n);U=zeros(n);flag='OK';
for k=1:n
```

```
  for j=k:n
    z=0;
    for q=1:k-1
      z=z+L(k,q)*U(q,j);
    end
    U(k,j)=Ybus(k,j)-z;
  end

  if abs(U(k,k))<eps
    flag='failure';
    return;
  end
    for i=k+1:n
      z=0;
      for q=1:k-1
        z=z+L(i,q)*U(q,k);
      end
      L(i,k)=(Ybus(i,k)-z)/U(k,k);
    end
end

X=zeros(n,n);  %--------------- 前推过程求得 X-----------------%
for i=1:n
  X(1,1)=1;
  z=0;
  for j=1:i-1
    z=z+L(i,j)*X(j,i);
  end
  X(i,i)=1-z;

  for j=i+1:n
    z=0;
    for k=1:j-1
      z=z+L(j,k)*X(k,i);
    end
    X(j,i)=-z;
  end
end

Z=zeros(n,n); %-------------- 回代过程求得 Z--------------------%
for i=1:n
  Z(n,i)=X(n,i)/U(n,n);
  for j=2:n
    z=0;
```

```
    for k=n-j+2:n
      z=z+U(n-j+1,k)*Z(k,i);
    end
    Z(n-j+1,i)=(X(n-j+1,i)-z)/U(n-j+1,n-j+1);
  end
end
```

二、支路追加法形成节点阻抗矩阵

```
clear;
clc;
j = sqrt(-1);

%--由于支路追加法需要支路排列顺序,因此将原数据文件中的--------%
%---支路数据重新排列,将线路对地电容合并,转换成接地支路-------%
nb=5;
B=[ 1, 1, -j*4,     0;
   2, 2, -j*2,     0;
   1, 2, 0.04+j*0.25, 0;
   3, 3, -j*4,     0;
   1, 3, 0.1+j*0.35, 0;
   2, 3, 0.08+j*0.3, 0;
   2, 4, j*0.015,   1/1.05;
   3, 5, j*0.03,   1/1.05;
];

%-------------------- 支路追加法 --------------------%
flag=zeros(nb,1);n=0;Z=zeros(nb);

for l=1:length(B(:,1))                    %读入网络参数
  ii=B(l,1);jj=B(l,2);z_ij=B(l,3); branchtype=B(l,4);
  if ((flag(jj)~=1)&(flag(ii)==1))|(ii==jj)          % jj 节点未使用过
    flag(jj)=1;n=n+1;
    if branchtype==0             %线路
      for k=1:nb
        if ((flag(k)==1) & (k~=jj))
         Z(k,jj)=Z(k,ii);
        end
      end
      Z(jj,jj)=Z(ii,ii)+z_ij;
    else                  %变压器支路
      for k=1:nb
        if ((flag(k)==1) & (k~=jj))
         Z(k,jj)=branchtype*Z(k,ii);
        end
```

```
        end
        Z(jj,jj)=branchtype * branchtype * (Z(ii,ii)+z_ij);
      end
      Z(jj,1:jj-1)=Z(1:jj-1,jj);
    end
    if ((flag(ii)~=1)&(flag(jj)==1)) % ii 节点没有使用过
      flag(ii)=1;n=n+1;
      if branchtype==0              %线路
        for k=1:nb
          if ((flag(k)==1) & (k~=ii))
            Z(k,ii)=Z(k,jj);
          end
        end
        Z(ii,ii)=Z(jj,jj)+z_ij;
      else                     %变压器支路
        for k=1:nb
         if ((flag(k)==1) & (k~=jj))
           Z(k,ii)=branchtype * Z(k,jj);
          end
        end
        Z(ii,ii)=branchtype * branchtype * (Z(jj,jj)+z_ij);
      end
      Z(ii,1:ii-1)=Z(1:ii-1,ii);
    end

    if ((flag(ii)==1)&(flag(jj)==1) & (ii~=jj)) %NO.ij 和 NO.jj 接点已被使用
      if branchtype==0              %线路
        ZL=Z(:,ii)-Z(:,jj);
        ZLL=ZL(ii)-ZL(jj)+z_ij;
        Z=Z-ZL * ZL.'/ZLL;

      else          %变压器支路
        ZL=branchtype. * Z(:,ii)-Z(:,jj);
        ZLL=branchtype * ZL(ii)-ZL(jj)+branchtype * branchtype * z_ij;
        Z=Z-ZL * ZL.'/ZLL;
      end
    end
end
```

附录四 潮流计算代码

下述潮流计算代码供包含 5 个子程序；子程序 1 包含初始值的定义以及潮流算法的选择，当 alg=1，潮流计算采用牛顿—拉夫逊法；alg=2 或 3，潮流计算采用 P—Q 分解法。

一、主程序

```
function [MVAbase, bus, gen, branch, success, Ybus]=runpf
%%————————————————————————— 初始化 ——————————————————%
mpopt=[ 2;   %% 1 — 潮流算法
    1e—8; %% 2 — 潮流收敛门槛值
    10;   %% 3 — 最大迭代次数
    30;   %% 4 — PQ 分解法最大迭代次数
    1000; %% 5 — Gauss—Seidel 法最大迭代次数
    2; ]; %% 6 — VERBOSE'

[baseMVA, bus, gen, branch] = case2g5n;
nb = size(bus, 1); ng = size(gen, 1); nl = size(branch, 1);

%% form index lists for slack, PV, and PQ buses
ref = find(bus(:, 2) == 3); %% reference bus index
pv = find(bus(:, 2) == 2); %% PV bus indices
pq = find(bus(:, 2) == 1); %% PQ bus indices
%% generator info
on = find(gen(:, 8) > 0);       %% which generators are on?
gbus = gen(on, 1);                 %% what buses are they at?

t0 = clock;     % %%————— run the power flow 计时————————————————————

%% 电压初值
V0= bus(:, 7) .* exp(sqrt(—1) * pi/180 * bus(:, 8));
V0(gbus) = gen(on, 6)./abs(V0(gbus)).* V0(gbus);

%% 形成节点导纳矩阵
[Ybus,Yf, Yt]=Y_form(baseMVA,bus,branch);

%% 计算节点注入功率 (generation — load)
ngon = size(on, 1);
Cg = sparse(gbus, [1:ngon]', ones(ngon, 1), nb, ngon); %% connection matrix
Sbus =(Cg*(gen(on,2)+j*gen(on, 3))—(bus(:,3)+j*bus(:,4)))/baseMVA;

%% run the power flow
alg = mpopt(1);            %—————————————潮流计算方法
if alg == 1
  [V, success, iterations] = newtonpf(Ybus, Sbus, V0, ref, pv, pq, mpopt);
elseif alg == 2 | alg == 3
  [Bp, Bpp] = makeB(baseMVA, bus, branch, alg);
  [V, success, iterations] = fdpf(Ybus, Sbus, V0, Bp, Bpp, ref, pv, pq, mpopt);
else
error('Only Newton''s method, fast-decoupled power flow algorithms currently implemented.');
```

```
end

%% update data matrices with solution
[bus, gen, branch] = pfsoln(baseMVA, bus, gen, branch, Ybus, Yf, Yt, V, ref, pv, pq);
et = etime(clock, t0);

%%------ 输出结果 ------
tap = ones(nl,1);                    %% default tap ratio = 1 for lines
xfmr = find(branch(:,6));            %% indices of transformers
tap(xfmr) = branch(xfmr,6);          %% include transformer tap ratios
tap = tap . * exp(-j * pi/180 * branch(:,7)); %% add phase shifters
loss=baseMVA * abs(V(branch(:,1))./tap-V(branch(:,2))).^2./(branch(:,3)-j * branch(:,4));

branch=[[1:nl]', branch(:, [1, 2]), branch(:, [9, 10]), branch(:, [11, 12]), real(loss), imag(loss)];
if nargout, MVAbase = baseMVA; end
```

二、牛顿—拉夫逊法潮流代码

```
function [V, converged, i] = newtonpf(Ybus, Sbus, V0, ref, pv, pq, mpopt)

%% options
tol    = mpopt(2);       %迭代结束误差
max_it = mpopt(3);       %最大迭代次数
verbose = mpopt(6);

%% initialize
j = sqrt(-1);
converged = 0;
i = 0;
V = V0;
Va = angle(V);
Vm = abs(V);

%% set up indexing for updating V
npv = length(pv);
npq = length(pq);
j1 = 1;       j2 = npv;        %% j1:j2 - V angle of pv buses
j3 = j2 + 1;  j4 = j2 + npq;   %% j3:j4 - V angle of pq buses
j5 = j4 + 1;  j6 = j4 + npq;   %% j5:j6 - V mag of pq buses

%% evaluate F(x0)
mis = V . * conj(Ybus * V) - Sbus;
F = [ real(mis([pv; pq]));
    imag(mis(pq)) ];
```

```
%% check tolerance
normF = norm(F, inf);

if normF < tol
  converged = 1;
  if verbose > 1
    fprintf('\nConverged! \n');
  end
end

%% do Newton iterations
while (~converged & i < max_it)
  %% update iteration counter
  i = i + 1;

  %% evaluate Jacobian
  [dSbus_dVm, dSbus_dVa] = dSbus_dV(Ybus, V);


  %% ... we do the equivalent thing using a temporary matrix and transposing
  temp = real(dSbus_dVa(:, [pv; pq]))';
  j11 = temp(:, [pv; pq])';
  temp = real(dSbus_dVm(:, pq))';
  j12 = temp(:, [pv; pq])';
  temp = imag(dSbus_dVa(:, [pv; pq]))';
  j21 = temp(:, pq)';
  temp = imag(dSbus_dVm(:, pq))';
  j22 = temp(:, pq)';

  J = [ j11 j12;
      j21 j22;  ];

  %% compute update step
  dx = -(J\F);

  %% update voltage
  if npv
    Va(pv) = Va(pv) + dx(j1:j2);
  end
  if npq
    Va(pq) = Va(pq) + dx(j3:j4);
    Vm(pq) = Vm(pq) + dx(j5:j6);
  end
  V = Vm .* exp(j * Va);
```

```
  Vm = abs(V);          %% update Vm and Va again in case
  Va = angle(V);        %% we wrapped around with a negative Vm

  %% evalute F(x)
  mis = V . * conj(Ybus * V) - Sbus;
  F = [ real(mis(pv));
      real(mis(pq));
      imag(mis(pq)) ];

  %% check for convergence
  normF = norm(F, inf);
  if verbose > 1
    fprintf('\n%3d      %10.3e', i, normF);
  end
  if normF < tol
    converged = 1;
    if verbose
      fprintf('\nNewton''s method power flow converged in %d iterations.\n', i);
    end
  end
end

if verbose
  if ~converged
    fprintf('\nNewton''s method power did not converge in %d iterations.\n', i);
  end
end
```

三、雅可比矩阵求解

```
function [dSbus_dVm, dSbus_dVa] = dSbus_dV(Ybus, V)

%DSBUS_DV Computes partial derivatives of power injection w. r. t. voltage.
% [dSbus_dVm, dSbus_dVa] = dSbus_dV(Ybus, V) returns two matrices containing
% partial derivatives of the complex bus power injections w. r. t voltage
% magnitude and voltage angle respectively (for all buses). If Ybus is a
% sparse matrix, the return values will be also. The following explains
% the expressions used to form the matrices:
%
% S = diag(V) * conj(Ibus) = diag(conj(Ibus)) * V
%
% Partials of V & Ibus w. r. t. voltage magnitudes
%   dV/dVm = diag(V. /abs(V))
%   dI/dVm = Ybus * dV/dVm = Ybus * diag(V. /abs(V))
%
```

```
% Partials of V & Ibus w. r. t. voltage angles
%   dV/dVa = j * diag(V)
%   dI/dVa = Ybus * dV/dVa = Ybus * j * diag(V)
%
% Partials of S w. r. t. voltage magnitudes
%   dS/dVm = diag(V) * conj(dI/dVm) + diag(conj(Ibus)) * dV/dVm
%         = diag(V) * conj(Ybus * diag(V./abs(V)))
%                 + conj(diag(Ibus)) * diag(V./abs(V))
%
% Partials of S w. r. t. voltage angles
%   dS/dVa = diag(V) * conj(dI/dVa) + diag(conj(Ibus)) * dV/dVa
%         = diag(V) * conj(Ybus * j * diag(V))
%                 + conj(diag(Ibus)) * j * diag(V)
%         = -j * diag(V) * conj(Ybus * diag(V))
%                 + conj(diag(Ibus)) * j * diag(V)
%         = j * diag(V) * conj(diag(Ibus) - Ybus * diag(V))
%

j = sqrt(-1);
n = length(V);
Ibus = Ybus * V;

if issparse(Ybus)        %% sparse version (if Ybus is sparse)
  diagV     = spdiags(V, 0, n, n);
  diagIbus   = spdiags(Ibus, 0, n, n);
  diagVnorm = spdiags(V./abs(V), 0, n, n);
else                     %% dense version
  diagV     = diag(V);
  diagIbus   = diag(Ibus);
  diagVnorm = diag(V./abs(V));
end

dSbus_dVm = diagV * conj(Ybus * diagVnorm) + conj(diagIbus) * diagVnorm;
dSbus_dVa = j * diagV * conj(diagIbus - Ybus * diagV);

return;
```

四、形成 B'、B''

```
function [Bp, Bpp] = makeB(baseMVA, bus, branch, alg)

%MAKEB Builds the FDPF matrices, B prime and B double prime.
% [Bp, Bpp] = makeB(baseMVA, bus, branch, alg) returns the two
% matrices B prime and B double prime used in the fast decoupled power
% flow. Does appropriate conversions to p. u.
```

```
%% constants
nb = size(bus, 1);      %% number of buses
nl = size(branch, 1);   %% number of lines

%%------ form Bp (B prime) ------
temp_branch = branch;              %% modify a copy of branch
temp_bus = bus;                    %% modify a copy of bus
temp_bus(:, 6) = zeros(nb, 1);         %% zero out shunts at buses
temp_branch(:, 5) = zeros(nl, 1);      %% zero out line charging shunts
temp_branch(:, 6) = ones(nl, 1);       %% cancel out taps
if alg == 2                        %% if XB method
  temp_branch(:, 3) = zeros(nl, 1);    %% zero out line resistance
end
Bp = -imag( Y_form(baseMVA, temp_bus, temp_branch) );

%%------ form Bpp (B double prime) ------
if nargout == 2
  temp_branch = branch;              %% modify a copy of branch
  temp_branch(:, 7) = zeros(nl, 1);    %% zero out phase shifters
  if alg == 3                        %% if BX method
    temp_branch(:, 3) = zeros(nl, 1);    %% zero out line resistance
  end
  Bpp = -imag( Y_form(baseMVA, bus, temp_branch) );
end

return;
```

五、P—Q 分解法潮流计算

```
function [V, converged, i] = fdpf(Ybus, Sbus, V0, Bp, Bpp, ref, pv, pq, mpopt)

%% default arguments
if nargin < 7
  mpopt = mpoption;
end

%% options
tol    = mpopt(2);
max_it = mpopt(4);
verbose = mpopt(6);

%% initialize
j = sqrt(-1);
converged = 0;
```

```
i = 0;
V = V0;
Va = angle(V);
Vm = abs(V);

%% ----------set up indexing for updating V
npv = length(pv);
npq = length(pq);
j1 = 1;     j2 = npv;      %% j1:j2 - V angle of pv buses
j3 = j2 + 1;  j4 = j2 + npq;   %% j3:j4 - V angle of pq buses
j5 = j4 + 1;  j6 = j4 + npq;   %% j5:j6 - V mag of pq buses

%%---------------- evaluate initial mismatch
mis = (V . * conj(Ybus * V) - Sbus) ./ Vm;
P = real(mis([pv; pq]));
Q = imag(mis(pq));

%% check tolerance
normP = norm(P, inf);
normQ = norm(Q, inf);

if normP < tol & normQ < tol
  converged = 1;
  if verbose > 1
    fprintf('\nConverged! \n');
  end
end

%% reduce B matrices
temp = Bp(:, [pv; pq])';
Bp = temp(:, [pv; pq])';
temp = Bpp(:, pq)';
Bpp = temp(:, pq)';

%% factor B matrices
[Lp, Up, Pp] = lu(Bp);
[Lpp, Upp, Ppp] = lu(Bpp);

%% do P and Q iterations
while (~converged & i < max_it)
  %% update iteration counter
  i = i + 1;

  %%----- do P iteration, update Va -----
```

```
dVa = -( Up \ (Lp \ (Pp * P)));

%% update voltage
Va([pv; pq]) = Va([pv; pq]) + dVa;
V = Vm .* exp(j * Va);

%% evalute mismatch
mis = (V .* conj(Ybus * V) - Sbus) ./ Vm;
P = real(mis([pv; pq]));
Q = imag(mis(pq));

%% check tolerance
normP = norm(P, inf);
normQ = norm(Q, inf);
if verbose > 1
  fprintf('\n P %3d %10.3e %10.3e', i, normP, normQ);
end
if normP < tol & normQ < tol
  converged = 1;
  if verbose
fprintf('\nFast-decoupled power flow converged in %d P-iterations and %d Q-iterations.\n', i, i-1);
  end
  break;
end

%%----- do Q iteration, update Vm -----
dVm = -( Upp \ (Lpp \ (Ppp * Q)) );

%% update voltage
Vm(pq) = Vm(pq) + dVm;
V = Vm .* exp(j * Va);

%% evalute mismatch
mis = (V .* conj(Ybus * V) - Sbus) ./ Vm;
P = real(mis([pv; pq]));
Q = imag(mis(pq));

%% check tolerance
normP = norm(P, inf);
normQ = norm(Q, inf);

if normP < tol & normQ < tol
  converged = 1;
  if verbose
```

```
    fprintf('\nFast-decoupled power flow converged in %d P-iterations and %d Q-iterations.\n', i, i);
    end
    break;
  end
end

if verbose
  if ~converged
    fprintf('\nFast-decoupled power flow did not converge in %d iterations.\n', i);
  end
end
```

六、输出结果子函数

```
function [bus, gen, branch] = pfsoln(baseMVA, bus0, gen0, branch0, Ybus, Yf, Yt, V, ref, pv, pq);

% --------Updates bus, gen, branch data structures to match power flow-----%

%% constants
j = sqrt(-1);
nl = size(branch0, 1);    %% number of lines

%% initialize return values
bus    = bus0;
gen    = gen0;
branch = branch0;

%%----- update bus voltages -----
bus(:, 7) = abs(V);
bus(:, 8) = angle(V) * 180 / pi;

%%----- update Qg for all gens and Pg for swing bus -----
%% generator info
on = find(gen(:, 8) > 0);    %% which generators are on?
gbus = gen(on, 1);                %% what buses are they at?
refgen = find(gbus == ref);           %% which is(are) the reference gen(s)?

%% compute total injected bus powers
temp = Ybus.';
Sg = V(gbus) .* conj(temp(:, gbus).' * V);

%% update Qg for all generators
gen(:, 3) = zeros(size(gen, 1), 1);           %% zero out all Qg
gen(on, 3) = imag(Sg) * baseMVA + bus(gbus, 4); %% inj Q + local Qd
```

```
if length(on) > 1
  %% build connection matrix, element i, j is 1 if gen on(j) at bus i is ON
  nb = size(bus, 1);
  ngon = size(on, 1);
  Cg = sparse([1:ngon]', gbus, ones(ngon, 1), ngon, nb);

  %% divide Qg by number of generators at the bus to distribute equally
  gen(on, 3) = gen(on, 3) ./ (Cg * sum(Cg)');

  %% divide proportionally
  Cmin = sparse([1:ngon]', gbus, gen(on, 5), ngon, nb);
  Cmax = sparse([1:ngon]', gbus, gen(on, 4), ngon, nb);
  Qg_tot = Cg' * gen(on, 3);    %% nb x 1 vector of total Qg at each bus
  gen(on, 3) = gen(on, 5) + ...
    (Cg * ((Qg_tot - sum(Cmin)')./(sum(Cmax)' - sum(Cmin)' + eps))) .* ...
      (gen(on, 4) - gen(on, 5));   %% avoid div by 0
end                          %% (terms are mult by 0 anyway)

%% update Pg for swing bus
gen(on(refgen(1)), 2) = real(Sg(refgen(1))) * baseMVA + bus(ref, 3); %% inj P + local Pd
if length(refgen) > 1    %% more than one generator at the ref bus
  %% subtract off what is generated by other gens at this bus
  gen(on(refgen(1)), 2) = gen(on(refgen(1)), 2) - sum(gen(on(refgen(2:length(refgen))), 2));
end

%%----- update/compute branch power flows -----
out = find(branch(:, 8) == 0);    %% out-of-service branches
br = find(branch(:, 8));          %% in-service branches
Sf = V(branch(br, 1)) .* conj(Yf(br, :) * V) * baseMVA; %% complex power at "from" bus
St = V(branch(br, 2)) .* conj(Yt(br, :) * V) * baseMVA; %% complex power injected at "to" bus
%branch = [real(Sf) imag(Sf) real(St) imag(St)];
branch(br, [9, 10, 11, 12]) = [real(Sf) imag(Sf) real(St) imag(St)];
branch(out, [9, 10, 11, 12]) = zeros(length(out), 4);

return;
```

附录五　短路电流计算代码

一、短路计算主程序

```
clear
clc
% ---要求零序网的节点编号从1开始,从小到大编号;并与正序网节点号一一对应----%

[MVAbase,bus,bus0,branch, branch0] = case2g5n_sc;
```

```
nb=length(bus(:,1));nb0=length(bus0(:,1));
nl=length(branch(:,1));

U0=ones(nb,1);   % 设各节点电压初始值为 1

[Y1bus, Yf1, Yt1] = Y_form(MVAbase, bus, branch); [Z1]=myinver(Y1bus);
[Y0bus, Yf0, Yt0] = Y_form(MVAbase, bus0, branch0); [Z0]=myinver(Y0bus);

j=sqrt(-1);

f_location=input('请输入故障位置 f_location=\n 节点故障输入 1,线路故障输入 2\n');
if f_location==1
  ff_node=input('请输入故障节点号 ff_node=\n '); tt_node=0;
  f_node=ff_node; f0_node=ff_node;
else
  Z1p=zeros(nb+1,nb+1);Z0p=zeros(nb0+1,nb0+1); %U0p=zeros(nb+1,1);
  Z1p(1:nb,1:nb)=Z1;Z0p(1:nb0,1:nb0)=Z0; U0p(1:nb)=U0';

  ff_node=input('请输入故障线路首节点 ff_node=\n ');
  tt_node=input('请输入故障线路末节点 tt_node=\n ');

  for i=1:nl
    if (branch(i,1)==ff_node & branch(i,2)==tt_node) |(branch(i,1)==tt_node & branch(i,2)==ff_node)
      zft=branch(i,3)+j * branch(i,4);
      zft0=branch0(i,3)+j * branch0(i,4);
    end
  end
  k=input('请输入故障离首节点位置百分数 k%=\n');

  Z1p(1:nb,nb+1)=(1-k). * Z1(:,ff_node)+k. * Z1(:,tt_node);
  Z1p(nb+1,1:nb)=Z1p(1:nb,nb+1);
  Z1p(nb+1,nb+1)=(1-k)^2 * Z1(ff_node,ff_node)+k^2 * Z1(tt_node,tt_node)…
                       …+2 * k * (1-k) * Z1(ff_node,tt_node)+k * (1-k) * zft;

  Z0p(1:nb0,nb0+1)=(1-k). * Z0(:,ff_node)+k. * Z0(:,tt_node);
  Z0p(nb0+1,1:nb0)=Z0p(1:nb0,nb0+1);
  Z0p(nb0+1,nb0+1)=(1-k)^2 * Z0(ff_node,ff_node)+k^2 * Z0(tt_node,tt_node)…
                         …+2 * k * (1-k) * Z0(ff_node,tt_node)+k * (1-k) * zft0;

U0p(nb+1)=(1-k) * U0(ff_node)+k * U0(tt_node);

  f_node=nb+1; f0_node=nb0+1;
  Z1=Z1p;Z0=Z0p;U0=U0p';
end
```

```
Z2=Z1;

f_type=input('请输入故障类型 f_type=\n 单相接地短路输入 1,两相间短路输入 2,…
…三相间短路输入 3,两相间短路是 11\n ');
zf=input('请输入接地阻抗 zf=');

a=cos(2*pi/3)+j*sin(2*pi/3);
A=[1,1,1;a^2,a,1;a,a^2,1];

if f_type==1

if max(ff_node,tt_node)>nb0    % 零序电流流不通
    If1=0;If2=0;If0=0;
    If_abc=[0,0,0]';
    U_1=U0;
    U_2=zeros(nb,1);
    U_0=U_2;

  else
    Z_delta=Z1(f_node,f_node)+Z0(f0_node,f0_node)+2*zf;

    If1=-U0(f_node)/(Z1(f_node,f_node)+zf+Z_delta);
    If2=If1;
    If0=If1;

    If_abc=A*[If1,If2,If0].';

    U_1=U0+Z1(:,f_node).*If1;
    U_2=Z2(:,f_node).*If2;
    U_0(1:nb0)=Z0(1:nb0,f0_node).*If0;
    U_0(nb0+1:nb)=zeros(nb-nb0,1);

  end

  for i=1:nb
    temp=A*[U_1(i),U_2(i),U_0(i)].';
    U_a(i)=temp(1);
    U_b(i)=temp(2);
    U_c(i)=temp(3);
  end

  disp('短路点的正序电流 If1=');disp(If1);
  disp('短路点的负序电流 If2=');disp(If2);
```

```
  disp('短路点的零序电流 If0=');disp(If0);

  disp('各节点的正序电压 U1=');disp(U_1');
  disp('各节点的负序电压 U2=');disp(U_2');
  disp('各节点的零序电压 U0=');disp(U_0);

elseif f_type==2

  Z_delta=Z2(f_node,f_node)+zf;

  If1=-U0(f_node)/(Z1(f_node,f_node)+zf+Z_delta);
  If2=-If1;
  If0=0;

  If_abc=A*[If1,If2,If0].';

  U_1=U0+Z1(:,f_node).*If1;
  U_2=Z2(:,f_node).*If2;
  U_0=zeros(nb,1);

  for i=1:nb
    temp=A*[U_1(i),U_2(i),U_0(i)].';
    U_a(i)=temp(1);
    U_b(i)=temp(2);
    U_c(i)=temp(3);
  end

  disp('短路点的正序电流 If1=');disp(If1);
  disp('短路点的负序电流 If2=');disp(If2);
  disp('短路点的零序电流 If0=');disp(If0);

  disp('各节点的正序电压 U1=');disp(U_1');
  disp('各节点的负序电压 U2=');disp(U_2');
  disp('各节点的零序电压 U0=');disp(U_0');

elseif f_type==3

  If=-U0(f_node)/(Z1(f_node,f_node)+zf);
  U_1=U0+Z1(:,f_node).*If;

  for i=1:nl %求各支路的短路电流标么值
    Il(i)=(U_1(branch(i,1))-U_1(branch(i,2)))/(branch(i,3)+j*branch(i,4));
  end
%--------------------输出------------------------------------%
```

```
  disp('短路点的短路电流 If=');disp(If);
  disp('各节点的电压标么值 Ur=');disp(U_1);
  disp('各支路短路电流的标么值 Il=');
  for i=1:nl
    if imag(Il(i))<0
     fprintf('%2d %2d %8.4f %8.4fj\n',branch(i,1),branch(i,2), real(Il(i)),imag(Il(i)));
    else
     fprintf('%2d %2d %8.4f +%8.4fj\n',branch(i,1),branch(i,2), real(Il(i)),imag(Il(i)));
    end
  end

elseif f_type==11

  %if abs(Z0(f_node,f_node))>1000   % 零序电流流不通
  if max(ff_node, tt_node)> nb0
    If1=-U0(f_node)/(Z1(f_node,f_node)+zf+Z2(f_node,f_node)+zf);
    If2=-If1;
    If0=0;
else

    Z_delta=(Z2(f_node,f_node)+zf)*(Z0(f0_node,f0_node)+zf)/(Z2(f_node,f_node)…
            …+Z0(f0_node,f0_node)+2*zf);

    If1=-U0(f_node)/(Z1(f_node,f_node)+zf+Z_delta);
    If2=-If1*Z_delta/(Z1(f_node,f_node)+zf);
    If0=-If1*Z_delta/(Z0(f0_node,f0_node)+zf);
  end

    If_abc=A*[If1,If2,If0].';

    U_1=U0+Z1(:,f_node).*If1;
    U_2=Z2(:,f_node).*If2;
    U_0(1:nb0)=Z0(1:nb0,f0_node).*If0;
    U_0(nb0+1:nb)=zeros(nb-nb0,1);

    for i=1:nb
      temp=A*[U_1(i),U_2(i),U_0(i)].';
      U_a(i)=temp(1);
      U_b(i)=temp(2);
      U_c(i)=temp(3);
    end

 disp('短路点的正序电流 If1=');disp(If1);
 disp('短路点的负序电流 If2=');disp(If2);
```

```
  disp('短路点的零序电流 If0=');disp(If0);

  disp('各节点的正序电压 U1=');disp(U_1');
  disp('各节点的负序电压 U2=');disp(U_2');
  disp('各节点的零序电压 U0=');disp(U_0);

end
```

二、网络参数子函数

```
function [MVAbase, bus, bus0, branch, branch0] = case2g5n_sc;

MVAbase = 100;    %% system MVA base

bus = [
  1  1  160   80  0     0    1  0  100  1.1  0.9;
  2  1  200  100  0     0    1  0  100  1.1  0.9;
  3  1  370  130  0     0    1  0  100  1.1  0.9;
  4  2    0    0  0  -5000   1  0  100  1.1  0.9;
  5  3    0    0  0  -5000   1  0  100  1.1  0.9;
];

bus0 = [
  1  1  160   80  0     -2000      1  0  100  1.1  0.9;
  2  1  200  100  0  -100/0.015    1  0  100  1.1  0.9;
  3  1  370  130  0  -100/0.03     1  0  100  1.1  0.9;
];

%% branch data
   %      fbus  tbus   r     x     b  ratio  angle  status
branch=[
           2     1     0    0.25   0    0      0      1;
           3     1     0    0.35   0    0      0      1;
           3     2     0    0.3    0    0      0      1;
           3     5    0.0   0.03   0    0      0      1;
           2     4    0.0   0.015  0    0      0      1;
];

branch0=[
2  1  0  0.7   0  0  0  1;
3  1  0  1.0   0  0  0  1;
3  2  0  0.75  0  0  0  1;
];

return;
```

附录六　OMIB系统特征根及时域仿真代码

一、特征根计算

```
clear;
clc;
%----------单机-无穷大系统的参数如下--------------%
Xd=1.298;Xq=0.535;Xd1=0.295;XG2=0.433;XT1=0.138;
XL1=0.244;XL2=XL1;XL0=4*XL1;
XT2=0.122;
Tj=8.18;D =0;
U=1;P0=1;Q0=0.2;  %---------功率因数 cos(thelta0)=0.98
Td0=6.818;
Ke=50; Te=0.05;
f0=50;X_delta=0.0001;

Xd_sum=Xd+XT1+XL1+XT2;
Xd1_sum=Xd1+XT1+XL1+XT2;
Xq_sum=Xq+XT1+XL1+XT2;
Xe=XT1+XL1+XT2;

U0=1;P0=1;Q0=0.2;  %功率因数
j=sqrt(-1);

%------------------初始运行点------------------%
I0=(P0-j*Q0)/U0;
EQ(1)=sqrt((1+Q0*Xq_sum)^2+Xq_sum^2); %发电机为凸极机,EQ=U+jIxq
delta(1)=atan(P0*Xq_sum/(U0+Q0*Xq_sum));     %用弧度表示
Ud(1)=U0*sin(delta(1)); Uq(1)=U0*cos(delta(1));
id(1)=abs(I0)*sin(delta(1)-angle(I0));
iq(1)=abs(I0)*cos(delta(1)-angle(I0));
Eq(1)=Uq(1)+id(1)*Xd_sum;
Eq1(1)=Uq(1)+id(1)*Xd1_sum;
U_G(1)=U0+j*I0*Xe;
U_Gd(1)=abs(U_G)*sin(delta(1)-angle(U_G(1)));
U_Gq(1)=abs(U_G)*cos(delta(1)-angle(U_G(1)));

Pe(1)=1.0;PT=1;
omega(1)=1;Uref=abs(U_G(1));

%计算初始运行点对应的K1、K2、K3、K4、K5、K6
K1=Eq1(1)*U0/Xd1_sum*cos(delta(1))+U0^2*(Xd1_sum-Xq_sum)/(Xd1_sum*Xq_sum)*cos(delta(1));
K2=U*sin(delta(1))/Xd1_sum;
K3=Xd1_sum/Xd_sum;
```

```
K4=(Xd_sum-Xd1_sum)/Xd1_sum*U0*sin(delta(1));
K5=U_Gd(1)*U0*Xq*cos(delta(1))/(abs(U_G(1))*Xq_sum)-U_Gq(1)*U*Xd1*sin(pi/180*delta(1))/(abs(U_G(1))*Xd1_sum);
K6=U_Gq(1)/abs(U_G(1))*Xe/Xd1_sum;

A=[ 0,      100*pi, 0,      0;
  -K1/Tj,  0,    -K2/Tj,    0;
  -K4/Td0, 0,    -1/(K3*Td0), 1/Td0;
  -Ke*K5/Te, 0,    -Ke*K6/Te, -1/Te;
];

[u,e]=eig(A);
v=(inv(u)).';
p=abs(v.*u/(v.'*u));  %参与因子
```

二、OMIB系统改进欧拉法仿真

```
clear;
clc;
%----------单机-无穷大系统的参数如下--------------%
Xd=1.298;Xq=0.535;Xd1=0.295;XG2=0.433;XT1=0.138;
XL1=0.244;XL2=XL1;XL0=4*XL1;
XT2=0.122;
Tj=8.18;D =0;
U=1;P0=1;Q0=0.2;   %---------功率因数cos(thelta0)=0.98
Td0=6.818;
Ke=50; Te=0.05;
f0=50;X_delta=0.0001;

Xd_sum=Xd+XT1+XL1+XT2;
Xd1_sum=Xd1+XT1+XL1+XT2;
Xq_sum=Xq+XT1+XL1+XT2;
Xe=XT1+XL1+XT2;

U0=1;P0=1;Q0=0.2;   %功率因数
j=sqrt(-1);
%--------------------初始运行点------------------------%
Ep=sqrt( (U0+Q0*Xd1_sum/U0)^2+(P0*Xd1_sum/U0)^2 );
delta(1)=atan(P0*Xd1_sum/(U0+Q0*Xd1_sum))*180/pi;
Pe(1)=1.0;PT=1;omega(1)=1;

%--------------------故障仿真------------------------%
disp('输入故障发生的位置')
Location=input('故障发生的位置:\n0------故障发生在线路首端\n1------故障发生在线路末端\n')
if Location== 0;%故障发生在首端
```

```
    X2 = (XG2+XT1)*(XL2+XT2)/(XG2+XT1+XL2+XT2);  %负序阻抗
    X0 = XT1*(XL0+XT2)/(XT1+XL0+XT2);            %零序阻抗
  else   %故障发生在末端
    X2 = (XG2+XT1+XL2)*XT2/(XG2+XT1+XL2+XT2);
    X0 = (XT1+XL0)*XT2/(XT1+XL0+XT2);
end

%选择故障类型
disp('请选择故障类型')
fault_type=input('请选择故障类型:\n1———单相短路接地\n2———两相短路\n3———两相短路接地\n4———三相短路\n')
switch fault_type
  case 1
    X_delta=X2+X0;
  case 2
    X_delta=X2;
  case 3
    X_delta=X2*X0/(X2+X0);
  case 4
    X_delta=0.000001;
  otherwise
    disp('输入有误!! 请重新选择故障类型!!')
    fault_type=input('请选择故障类型:\n1———单相短路接地\n2———两相短路\n3———两相短路接地\n4———三相短路\n')
end

%————————————————欧拉法迭代————————————————————%
%开始进行
tc=input('请输入故障切除时间:');
tfinal=input('请输入仿真时间:');
h=0.01;
m = tfinal / h;
for n = 1:m;
          %round(tc/h)有一定的问题,改用沿正取整函数ceil,主要判断系统结构是否发生变化
  if n <= ceil(tc/h)-1;%判断———故障时
    if Location == 0;
     Xd_sum= (Xd+XT1)+(XL1+XT2)+(Xd+XT1)*(XL1+XT2)/X_delta;
     Xd1_sum= (Xd1+XT1)+(XL1+XT2)+(Xd1+XT1)*(XL1+XT2)/X_delta;
     Xq_sum= (Xq+XT1)+(XL1+XT2)+(Xq+XT1)*(XL1+XT2)/X_delta;
    else
     Xd_sum= (Xd+XT1+XL1)+XT2+(Xd+XT1+XL1)*XT2/X_delta;
     Xd1_sum= (Xd1+XT1+XL1)+XT2+(Xd1+XT1+XL1)*XT2/X_delta;
     Xq_sum= (Xq+XT1+XL1)+XT2+(Xq+XT1+XL1)*XT2/X_delta;
    end
```

```
  else          %判断———故障后,故障线路切除
     Xd_sum=Xd+XT1+2*XL1+XT2;
     Xd1_sum=Xd1+XT1+2*XL1+XT2;
     Xq_sum=Xq+XT1+2*XL1+XT2;
  end

Pe(n)=Ep*U*sin(delta(n)*pi/180)/Xd1_sum;

%%第n时段时初始点delta、omega的变化率
  Ddelta0=( omega(n)-1 )*360*f0;
  Domega0=1/Tj*(PT - Pe(n) );%有问题,Pe是用t0+、tc+时刻阻抗

  %第n时段末delta、omega、Eq1的估计值
  delta_g = delta(n) + Ddelta0*h;
  omega_g = omega(n)+ Domega0*h;

  Peg=Ep*U*sin(delta_g*pi/180)/Xd1_sum;

  Ddelta1 =( omega_g-1 )*360*f0;
  Domega1=1/Tj*(PT- Peg);

  %第n时段中delta、omega平均变化率
  Ddelta_A= 0.5*( Ddelta0 + Ddelta1 );
  Domega_A = 0.5*( Domega0 + Domega1 );

  %第n时段末delta、omega、Pe的值,也是下次迭代的初始值
  delta(n+1) = delta(n) + Ddelta_A*h;
  omega(n+1)= omega(n) + Domega_A*h;
end


figure(1)
plot(0:h:tfinal,delta(1),'k-', 0:h:tfinal,delta(:),'k-' );
xlabel('时间/s'); ylabel('功角/(o)');
```

参 考 文 献

[1] W. F. Tinney, C. E. Hart. Power flow solution by Newton's method [J]. IEEE Trans. on Power Apparatus and Systems. 1967, PAS-86, pp. 1449-1460.

[2] B. Stott, O. Alsac. Fast decoupled load flow [J]. IEEE Trans. on Power Apparatus and Systems. 1974, PAS-93 (3), pp. 859-869.

[3] W. F. Tinney, J. W. Walker. Direct solutions of sparse network equations by optimally ordered triangular factorization [J]. Proceedings of the IEEE, 1967, 55 (11): 1801-1809.

[4] S. Iwamoto, Y. Tamura. A load flow calculation methiod for ill-conditioned power systems [J]. IEEE Trans. on Power Apparatus and Systems, 1981, PAS-100 (4), pp. 1736-1743.

[5] F. P. deMello, C. Concordia. Concepts of synchronous machine stability as affected by excitation control [J]. IEEE Trans. on Power Apparatus and Systems, 1969, PAS-88, pp. 316-329.

[6] 西安交通大学．电力系统数字计算机的应用——电力系统计算 [M]. 北京：水利电力出版社，1978.

[7] 米麟书，刘芳宁．电力系统故障的计算机辅助分析 [M]. 重庆：重庆大学出版社，1992.

[8] 陈珩．电力系统稳态分析 [M]. 北京：水利电力出版社，1985.

[9] 李光琦．电力系统暂态分析 [M]. 北京：中国电力出版社，2007.

[10] 马大强．电力系统机电暂态过程 [M]. 北京：水利电力出版社，1988.

[11] 倪以信，陈寿孙，张宝霖．动态电力系统理论与分析 [M]. 北京：清华大学出版社，2002.

[12] 鞠平．电力工程 [M]. 北京：机械工业出版社，2009.

[13] 孙树勤．电力网络的计算机辅助分析 [M]. 北京：清华大学出版社，1985.

[14] 汪芳宗．电力系统并行计算 [M]. 中国电力出版社，1998.

[15] 吴国瑜．电力系统仿真 [M]. 北京：水利电力出版社，1985.

[16] 吴际舜，侯志俭．电力系统潮流计算机方法 [M]. 上海交通大学出版社，2000.

[17] 陈亚民．电力系统计算程序及其实现 [M]. 北京：中国水利水电出版社，1995.

[18] 李广凯，李庚银．电力系统仿真软件综述 [J]. 电气电子教学学报，2005，27 (3)：61-65.

[19] 祝瑞金，傅业盛．电力系统高级仿真软件 PSS/E 的消化与应用 [J]. 华东电力，2001，(2)：8-11，62.

[20] 曹炜，丁北平，凌晓波，等．PSS/E BKDY 短路计算模块评述 [J]. 华东电力，2001，39，(2)：271-274.

[21] 中国电力科学研究院．PSD-BPA 程序用户手册．2007 年 5 月．

[22] 国网电科院南京南瑞集团．电力系统暂态安全定量分析软件．2004 年 1 月．

[23] http：//www. pserc. cornell. edu/matpower/.

参考文献

[illegible]